如何輕鬆煮－廚房裡的不敗指南

a cook's guide

系列名稱 / EASY COOK
書　名 / 如何輕鬆煮－廚房裡的不敗指南
作　者 / 唐娜海 Donna Hay
出版者 / 大境文化事業有限公司
發行人 / 趙天德
總編輯 / 車東蔚
翻　譯 / 胡淑華
文 編・校 對 / 編輯部
美　編 / R.C. Work Shop
地址 / 台北市雨聲街77號1樓
TEL / (02)2838-7996
FAX / (02)2836-0028
初版日期 / 2014年8月
定　價 / 新台幣400元
ISBN / 9789869094702
書　號 / E93

讀者專線 / (02)2836-0069
www.ecook.com.tw
E-mail / service@ecook.com.tw
劃撥帳號 / 19260956大境文化事業有限公司

A Cook's Guide
First published by HarperCollins Publishers Australia, Sydney, Australia, in 2011.
This Chinese language (Complex Characters) edition published by arrangement with
HarperCollins Publishers Australia Pty Limited.

國家圖書館出版品預行編目資料
如何輕鬆煮－廚房裡的不敗指南
唐娜海 Donna Hay 著；--初版.--臺北市
大境文化，2014[民103]　136面；22×28公分.
(EASY COOK；E93)
ISBN 9789869094702
1.食譜
427.1　103015256

唐娜海
donna hay

如何輕鬆煮－廚房裡的不敗指南

a cook's guide

the best of donna hay magazine's how to cook

TK

contents

* 以星號標記的食材，可在索引中找到。

編註：

* 本書中若無特別標註，所有配方中的「檸檬」皆為黃檸檬；「萊姆」則是綠萊姆。
* 磨碎果皮(zest)是指以超細刨刀(fine-grade grater)磨下果皮表面黃色或綠色的部分，成為果皮細屑後使用，請勿磨得太深，白色的中果皮會有苦味。
* 黑糖／紅糖(Brown sugar)糖蜜 6.5%，二砂糖(Light brown sugar)。

像我的祖母和母親（及大多數的家庭主婦）一樣，我有一本標準食譜，可以查閱基本菜色的做法和料理技巧，像是烤雞、做出滑順不含顆粒的肉汁（gravy），及完美的海綿蛋糕。本書出版的目的便在於此，使讀者能夠方便地查閱基本食譜的做法。

本書收集了過去十年來，唐娜海 donna hay 雜誌裡 “如何輕鬆煮 how to cook” 專欄裡的資訊精華。這些基本食譜包括了步驟詳解，搭配圖片，是我們認為每個煮婦煮夫們都應具備的基本技能。其中包含了經典爐烤晚餐菜色、搭配烘烤點心的各式醬汁，以及歷久彌新的甜點。

不論你是剛開始學習下廚，或是想要一本彙集基本菜色的工具書，「如何輕鬆煮－廚房裡的不敗指南」都是你完美的廚房良伴。下廚愉快！

Donna

mains 主菜輕鬆煮

roast lamb
爐烤羊肉

烤羊腿芬芳馥郁的香氣，在端上餐桌前就會使人食指大動。
濃郁多汁而富變化，這道經典食譜能夠擄獲每個人的胃。

roast lamb with rosemary and garlic
蒜味迷迭香烤羊腿

羊腿 1 隻，修切過
迷迭香（rosemary）2 把
大蒜 2 顆，切成對半
橄欖油，塗抹用
粗海鹽少許

before you begin
事前須知

上菜份量
+ 4 人份以內，需要 1 隻 1.75-2kg 的羊腿
+ 6 人份為 2-2.5kg
+ 8 人份為 2.5kg 以上

烹調時間（七分熟 medium-well done）
+ 傳統式羊腿，每 500g 需爐烤 18 分鐘
+ 經蝴蝶切（butterflied）的羊腿，每 500g 需爐烤 10 分鐘
+ 去骨填餡（tunnel-boned）的羊腿，每 500g 需爐烤 20 分鐘
+ 易於分切（easy-carve）的羊腿，每 500g 需爐烤 18 分鐘

＊蝴蝶切（butterflied）是指在腿肉較厚的地方（中央帶骨處）下刀，往左右兩邊橫向剖開不切斷，形成厚度一致的肉塊，亦可取下腿骨。

step 1

step 2

Step 1　烤箱預熱到 200℃（400 ℉）。將羊腿秤重，以決定烹調時間（見左方*事前須知*）。

Step 2　烤盤襯上不沾烘焙紙，放入迷迭香和大蒜，再放上羊腿。在羊腿上均勻抹上油並撒上鹽。

Step 3　以預估的時間加以爐烤，或烤到自己喜歡的熟度。靜置 10 分鐘後再分切。搭配薄荷醬（見右方的做法）上菜。

serve with... 搭配享用

MINT SAUCE 薄荷醬

在平底深鍋（saucepan）內，加入 ½ 杯（125ml）的蘋果汁、¼ 杯（60ml）的清水、1 大匙的全粒芥末醬（wholegrain mustard），和 1 大匙的白酒醋（white wine vinegar），以中火加熱到沸騰。轉小火，慢煮（simmer）3 分鐘。離火，加入 ⅓ 杯撕碎的薄荷，靜置 5 分鐘。*約可做出 ¾ 杯（180ml）的醬汁。*

quince-glazed lamb
榅桲蜜汁羊腿

羊腿 1 隻，修切過
柳橙汁 ⅓ 杯（80ml）
榅桲醬（quince paste）2 大匙 *
第戎芥末醬（Dijon mustard）2 小匙
橄欖油 2 小匙
海鹽以及現磨黑胡椒

將烤箱預熱到 200˚C（400˚F）。將羊腿秤重，以決定烹調時間（見第 8 頁事前須知）。將羊腿放在附烤架的烤盤上，送入烤箱爐烤總加熱時間的四分之三。

在烤羊腿的同時，將柳橙汁、榅桲醬、芥末醬、油、鹽和胡椒粉加入一個小型平底深鍋內，以小火加熱。不斷攪拌直到榅桲醬完全溶解。轉成中火，慢煮（simmer）2 分鐘。

在羊腿上刷上醬汁，送回烤箱繼續烤完全程，或烤至自己喜歡的熟度，每隔 5 分鐘，再刷一次醬汁。靜置 10 分鐘後再分切。喜歡的話，可搭配爐烤蔬菜上桌。

herb-marinated lamb
香草羊腿

蝴蝶切（butterflied）羊腿 1 隻 ⁺，修切過
橄欖油 ½ 杯（125ml）
紅酒 ⅓ 杯（80ml）
海鹽與現磨黑胡椒
切碎的奧瑞岡葉 ¼ 杯
切碎的平葉巴西里（flat-leaf parsley）葉片 ¼ 杯
大蒜 2 瓣，切碎
黃洋蔥 3 顆，切成大塊

將羊腿秤重，以決定烹調時間（見第 8 頁事前須知）。將油、酒、鹽、黑胡椒粉、奧瑞岡、巴西里和大蒜，放入一個碗裡混合均勻。將羊腿放在非金屬的盤子裡，澆上醃汁，翻面使另一面也沾裹上醃汁。蓋上保鮮膜，冷藏 3 小時或隔夜。

烤箱預熱到 200˚C（400˚F）。將羊腿從醃汁裡取出，在烤盤裡放上洋蔥，再放上羊腿。送入烤箱爐烤所需的時間長度，或自己喜歡的熟度，中間不時澆上流出的肉汁。靜置 10 分鐘再分切。搭配洋蔥上菜。

⁺ 經過蝴蝶切的羊腿，是將骨頭取出後切開，攤平成一整片肉，因此能縮短烹調時間。非常適合用醃汁來處理。在多脂部位稍微劃切幾刀，再醃上數小時或隔夜。

thyme and lemon stuffed lamb
百里香和檸檬填餡羊腿

易於分切的（easy-carve）羊腿 1 隻 ⁺，修切過
大蒜 2 瓣，切片
磨碎的檸檬果皮 1½ 大匙
百里香（thyme）½ 束
海鹽與現磨黑胡椒
橄欖油，塗抹用

烤箱預熱到 200˚C（400˚F）。將羊腿秤重，以決定烹調時間（見第 8 頁*事前須知*）。將羊腿打開，撒滿大蒜、檸檬果皮、百里香、鹽和胡椒粉。將羊腿捲好，用廚房綿繩綁緊。放到附烤架的烤盤上，抹上油，撒上鹽。送入烤箱爐烤所需的時間長度，或自己喜歡的熟度。靜置 10 分鐘再分切。

⁺ 這種羊腿很受歡迎，因為所有的骨頭都事先取出，只留下尾端的小腿骨，方便分切時用手握牢。

⁺⁺ 見第 15 頁的爐烤牛肉綁縛技巧。綁縛時要拉緊，因為煮熟的肉會緊縮，使綿繩變鬆。

sage and parmesan stuffed lamb
鼠尾草和帕瑪善起司填餡羊腿

去骨可填餡（tunnel-boned）的羊腿 1 隻 ⁺，修切過
新鮮麵包粉（breadcrumbs）1¾ 杯（115g）
磨碎的檸檬果皮 1 大匙
撕碎的鼠尾草 ¼ 杯
磨碎的帕瑪善起司（parmesan）¼ 杯（20g）
已軟化的奶油 20g
海鹽和現磨黑胡椒
橄欖油，塗抹用

烤箱預熱到 200˚C（400˚F）。將羊腿秤重，以決定烹調時間（見第 8 頁事前須知）。將麵包粉、檸檬果皮、鼠尾草、帕瑪善起司、奶油、鹽和胡椒放入碗裡混合均勻。在羊腿去骨的空心處，填入這混合好的餡料。將羊腿捲好合起，用廚房綿繩綁好（見上方的提示），確保沒有餡料露出。將羊腿放到附烤架的烤盤上，抹上油，撒上鹽。送入烤箱爐烤所需的時間長度，或自己喜歡的熟度。靜置 10 分鐘再分切。想要的話，可搭配清蒸蔬菜。

⁺ 這種羊腿已經過去骨手續，但仍保留傳統羊腿的形狀。腿骨除去的部分，留下空心處易於填餡用。填好餡，要馬上將羊腿綁緊，確保餡料不會漏出。

quince-glazed lamb
榲桲蜜汁羊腿

thyme and lemon stuffed lamb
百里香和檸檬填餡羊腿

herb-marinated lamb
香草羊腿

sage and parmesan stuffed lamb
鼠尾草和帕瑪善起司填餡羊腿

roast pork
爐烤豬肉

帶有香酥外皮、甜美多汁的爐烤豬肉，令人口水直流，是全家的最愛，一上桌，總能使人多添一碗飯。

step 2

step 3

roast pork
爐烤豬肉

豬里脊（pork loin）3kg，修切過
填餡材料 1 份（見右方做法）
橄欖油和粗海鹽，塗抹用
大蒜 1 顆，切成對半

recipe notes
做法小提示

為了使去骨里脊肉裡有足夠的空間可以填餡，你需要一把鋒利的刀子，將周圍的小里脊和多餘肉片切除。或者，也可請你的肉販代勞。

Step 1 用一把鋒利刀子的刀尖，在表皮每間隔 1 公分處劃切（參照右頁脆皮須知，可確保表皮酥脆）。

Step 2 烤箱預熱到 220℃（425 ℉）。將豬肉周圍的小里脊和多餘肉片切除。

Step 3 將包了內餡的豬肉捲好，用廚房綿繩綁緊。在外皮抹上鹽和油。

Step 4 將豬肉和大蒜放在附烤架的烤盤上，烤架抹上少許油，爐烤 20 分鐘。將溫度轉到 200℃（400 ℉），再繼續烤 50-55 分鐘，或烤到你喜歡的熟度為止。靜置 5 分鐘。將綿繩解下後切片，*可供 8 人份食用*。

try this... 試試口味變化

THYME AND ONION STUFFING
百里香和洋蔥填餡

將 1 大匙的油和 120g 的奶油，放在平底鍋裡以中火加熱。加入 4 顆切片好的洋蔥，炒 10-15 分鐘，或直到洋蔥軟化。離火，加入 2 大匙的百里香葉，和 4 杯（280g）的新鮮麵包粉。

PEAR AND SAGE STUFFING
西洋梨和鼠尾草

將 1 顆切片的棕色西洋梨（brown pear）、2 大匙切碎的鼠尾草、1 大匙紅糖（brown sugar）、15g 軟化的奶油、1 小匙現磨黑胡椒和粗海鹽，放入碗裡，混合均勻。將裹上調味料的梨片，放在豬肉的中央。

pork crackling
脆皮烤豬肉

你需要：
1把鋒利的小刀
粗海鹽
橄欖油

Step 1　用一把鋒利的小刀，在外皮間隔1公分處劃切刀痕。

Step 2　在外皮上抹上鹽，放入冰箱冷藏一整夜，不覆蓋。這個步驟會使皮裡的水份滲出，因此能烤得更酥脆。

Step 3　將烤箱預熱到220˚C（425˚F）。將外皮上殘留的鹽分刷掉，用廚房紙巾將多餘的水分吸乾。在外皮上刷上油，抹上更多的鹽，確保鹽分抹進切口內。外皮的部分朝下，將豬肉放到烤盤裡，爐烤20-30分鐘，或直到外皮變酥脆。降溫到220˚C（400˚F），繼續按照剩下的步驟進行。若使用的是豬里脊（pork loin），用廚房綿繩綁好。

Tip小提示：要做出帶有香脆外皮的爐烤豬肉，最好使用帶有大塊外皮的部位，如捲好的豬里脊肉（rolled pork loin）、帶骨豬肩膀或腿肉，或五花肉（pork belly）。

step 1

step 2

chilli and fennel roasted pork belly
香辣茴香籽烤五花肉

五花肉（pork belly）1.2kg，去骨
橄欖油，刷塗用
粗海鹽
乾燥辣椒片1大匙
茴香籽（fennel seeds）1大匙
小的西洋梨，8顆切半

依照Step 1-2的方法來準備豬肉。烤箱預熱到180˚C（350˚F）。將外皮的鹽分刷掉，用廚房紙巾吸乾多餘的水分。刷上油，抹上鹽、辣椒和茴香，確保調味滲入切口裡。將外皮的部分朝下，送入烤箱，爐烤1小時。翻面，續烤1小時，或直到外皮變的金黃酥脆。在西洋梨上刷上油，在爐烤完成前的最後20-25分鐘，加入烤盤裡。將豬肉和梨一起端上桌，想要的話，可搭配清蒸四季豆和削成片的球莖茴香沙拉上菜。*可供8人份享用*。

perfect steak
完美牛排

你需要：
大型不沾平底鍋 1 把
廚房用夾子（cooking tongs）
鋁箔紙

Step 1　將 4 塊各 200g 的沙朗牛排（sirloin steaks）（3 公分厚）回復到室溫。刷上橄欖油，撒上海鹽和現磨黑胡椒。

Step 2　以大火加熱 1 支大型不沾平底鍋，直到變熱。開始煎牛排，一次放 2 片以左下方的烹調時間為參考，煎到自己喜歡的熟度。用夾子翻面一次。

Step 3　將牛排盛入盤子裡，用鋁箔紙蓋好，靜置 5 分鐘再上菜，搭配你喜愛的配菜。

Tip 小提示：下方的烹調時間，是以平底鍋來煎 3 公分厚的牛排為準。若使用橫紋鍋（char-grill pan）或烤肉架，因熱度較高，可稍微縮短時間。可以請你的肉販幫忙將牛排切成適當的尺寸。

step 1

step 2

steak with chilli, lime and garlic butter
牛排佐辣椒萊姆大蒜奶油

軟化奶油 100g
紅辣椒 1 長條，去籽切碎
磨碎的萊姆果皮 1 大匙
大蒜 1 瓣，壓碎
牛排 4 片（3 公分厚）各 200g
水煮四季豆 200g，搭配用

將奶油、辣椒、萊姆果皮和大蒜，放入碗裡，均勻混合。將這調味奶油，放在不沾烘焙紙的中央，捲起成長條狀。將兩端捲緊，放入冷藏使其變硬。

依照 Step 1-3 的方法，將牛排煎到喜歡的熟度。在牛排上，放上切片的調味奶油，搭配四季豆上菜。可供 4 人份享用。

cooking times 烹調時間

rare 一分熟	每面 2分鐘
medium-rare 三分熟	每面 3½分鐘
medium 五分熟	每面 4分鐘
medium-well 七分熟	每面 4½分鐘
well done 全熟	每面 5分鐘

roast beef
爐烤牛肉

將爐烤的牛肉綁緊，可使外觀定型，肉質也會因此鮮美多汁。
更棒的是，剩下的肉片，可在第二天做成美味的三明治。

step 2　step 3

你需要：
1把鋒利的小刀
料理剪刀
廚房用綿繩

Step 1　用1把鋒利的小刀，將牛肉多餘的脂肪和牛筋切除。

Step 2　剪下一段1公尺長的綿繩。從離你最遠的那端開始，將綿繩綁在牛肉中央部位，打個結固定。預留一段10公分長的「尾巴」。

Step 3　將綿繩從打結處往下拉。在2公分處，用手指將綿繩做出圈狀，並用手指固定，同時，將預留的另一端綿繩繞一圈過來，回到手指處，並穿過圈狀。將綿繩往下拉，留出另一段2公分的距離，在每隔2公分處，繼續重複相同的步驟。

Step 4　到達尾端時，將綿繩一一穿過背面的綿繩纏繞處，最後，和起頭預留的尾巴綿繩一起打結固定。

** beef scotch fillet 是紐西蘭、澳洲對於肋眼牛排的稱呼，美式說法為 rib eye or ribeye。*

prosciutto-wrapped roast beef
生火腿裹烤牛肉

肋眼牛肉條（beef scotch fillet）* 1kg，**修切過**
橄欖油，刷塗用
海鹽和現磨黑胡椒
生火腿（proscuitto）12 **片**
市售焦糖洋蔥甜酸醬（caramelised onion relish）¼ **杯**（75g），**或見 46 頁的做法**

將烤箱預熱到180°C（350°F）。將牛肉刷上油，撒上鹽和胡椒。以高溫加熱一個大型平底煎鍋，將牛肉每面各煎1-2分鐘，或直到產生焦色（browned）。靜置備用。將生火腿片部分重疊平放在砧版上，再放上焦糖洋蔥甜酸醬。將牛肉放在生火腿中央部位，然後將生火腿合起覆蓋，並用綿繩固定。放在烤盤上，刷上油，爐烤50-55分鐘，可達到三分熟 medium-rare 的熟度，或自行決定自己喜歡的熟度。靜置5分鐘再分切。可供4-6人份享用。

corned beef
鹽漬牛肉

這道傳統料理，是用鹽漬的方式來保存肉品，一直到今天，仍然很受歡迎。
參考以下的做法，又是一道適合冬天的新菜色。

step 1

step 2

corned beef
鹽漬牛肉

鹽漬牛腿肉（silverside）或
牛胸肉（brisket）1.5kg
月桂葉（bay leaves）3 片
整顆胡椒粒（peppercorns）12 粒
丁香（cloves）6 顆
麥芽醋（malt vinegar）⅓ 杯（80ml）
紅糖（brown sugar）½ 杯（90g）
醃漬用洋蔥（pickling onions）6 顆，去皮
小紅蘿蔔（baby carrots）1 把，修切並去皮

Step 1 將牛肉放入一個大型、底部厚實的平底深鍋內。加入月桂葉、胡椒粒、丁香、醋、糖、洋蔥和剛好蓋過食材的水量。以大火加熱到沸騰。

Step 2 轉成小火，蓋上蓋子，慢煮（simmer）1 小時半，或直到牛肉的觸感變得結實。在最後 5 分鐘，加入紅蘿蔔。用網狀漏杓不時將表面的浮沫撈除。*可供 6 人份享用*。

recipe notes 做法小提示

鹽漬牛肉的基本烹調時間，爲每500g需時25-30分鐘。當牛肉的觸感變得結實，如五分熟 medium 的牛排時，並且料理籤插入後能輕易拔出，就表示煮好了。

tips + tricks

KEEP IT COVERED 足夠的水量
烹調時，要切記有足夠的液體蓋過牛肉。需要的話，在鍋裡不時加入滾水。

DELICIOUS SERVES 完美搭配
逆紋分切，可切出細嫩的鹽漬牛肉片。加入爐烤蔬菜和略帶苦味的秋季沙拉裡，或是想要傳統的吃法，也可搭配白醬，加一點巴西里、細香蔥或青蔥，增加清爽感。吃不完的牛肉，要放回煮好的湯汁裡，用保鮮膜蓋好，可在冰箱保存 3 天。

A LITTLE SPICE 加點香料
你可自行加入其他香料和香草來實驗，如肉桂、八角、百里香、巴西里或整瓣大蒜；直接加入 Step 1 的鍋裡即可。

new york deli sandwich
紐約速食三明治

黑麥麵包(rye bread)**12 片**
軟化的奶油，塗抹用
全蛋美乃滋(whole-egg mayonnaise)**1 杯**(300g)
英格蘭芥末辣醬(hot English mustard)**1 大匙**
鹽漬牛肉(見 16 頁的做法)**1 份**
瑞士起司 12 片
醃黃瓜(dill pickles/gherkins)**，上菜用**
caramelised cabbage ***焦糖高麗菜***
奶油 30g
高麗菜(white cabbage) 300g**，切絲**
細砂糖 ¼ **杯**(55g)
麥芽醋(malt vinegar) ¼ **杯**(60ml)

要做出焦糖高麗菜，先將奶油放入平底深鍋內，以大火加熱。加入高麗菜翻炒 5 分鐘，直到變軟。加入糖和醋，煮 10 分鐘，不時攪拌，直到大部分的液體蒸發，高麗菜變軟。靜置一旁備用。

在麵包的一面塗上奶油和美乃滋，另一面塗上芥末。將鹽漬牛肉切片，放在塗上奶油的麵包上。再放上起司和焦糖高麗菜，蓋上另一片麵包，做成三明治。以大火加熱一個大型的不沾平底煎鍋，分批將三明治煎一下，小心翻面，每面煎 2-3 分鐘，直到起司融化，麵包變成金黃色。搭配醃黃瓜上菜。*可做出 6 人份*。

corned beef in broth with salsa verde
莎莎青醬佐清湯牛肉

鹽漬牛肉(見 16 頁的做法)**1 份**
salsa verde ***莎莎青醬***
鹽漬酸豆(salted capers)**1 大匙，清洗過**
薄荷葉 ⅓ **杯**
平葉巴西里葉 ⅓ **杯**
鯷魚(anchovy fillets)**2 片**
大蒜 1 瓣，壓碎
特級初榨橄欖油 ½ **杯**(125ml)

先準備莎莎青醬。將酸豆、薄荷、巴西里和鯷魚稍微切碎。放入碗裡，和大蒜、油充分混合。靜置一旁備用。

將牛肉切成 12 片厚片，和蘿蔔及洋蔥一起放入上菜的碗裡。舀上清湯，放上莎莎青醬上菜。*可供應 6 人份*。

corned beef pies
鹽漬牛肉酥派

奶油 40g
中筋麵粉(plain/all-purpose)2 大匙
雞湯 ⅔ 杯(160ml)
鮮奶 1¼ 杯(310ml)
鹽漬牛肉(見 16 頁的做法)1 份
冷凍豌豆 1 杯(120g)
切碎的平葉巴西里葉 2 大匙
市售酥皮(puff pastry)1 大張，已解凍
雞蛋 1 顆，略微打散

將烤箱預熱到 200℃(400 ℉)。將奶油放入平底深鍋內，以小火加熱融化。加入麵粉，一邊攪拌，煮 5-7 分鐘，直到轉成金黃色，質地呈沙狀。緩緩加入雞湯和鮮奶，並轉成中火，續煮 5 分鐘，直到變得濃稠。加入 400g 切碎的鹽漬牛肉、切碎的蘿蔔、切半的洋蔥、豌豆和巴西里，攪拌混合。用湯匙舀入 4 個 250ml 容量的耐熱碗(ovenproof dishes)裡，放在烤盤上。將酥皮切出 4 塊直徑 10 公分的圓形，蓋在耐熱碗上。刷上蛋液。最後放上剩下的洋蔥，爐烤 20 分鐘，或直到酥皮膨起成金黃色。*可供應 4 人份。*

corned beef hash
鹽漬牛肉洋芋餅

臘質(sebago / starchy)馬鈴薯 500g，去皮磨成細絲
鹽漬牛肉(見 16 頁的做法)1 份
雞蛋 2 顆，稍微打散
青蔥 2 支，切碎
市售磨好的辣根泥(grated horseradish)1 大匙
海鹽和現磨黑胡椒
橄欖油 2 大匙
奶油 20g
tomato salsa ***番茄莎莎醬***
帶藤紅番茄 2 顆，切碎
平葉巴西里葉 ½ 杯
紅酒醋(red wine vinegar)1 大匙
海鹽和現磨黑胡椒

先準備番茄莎莎醬。將番茄碎、巴西里、醋、鹽和胡椒，放入碗裡混合均勻。靜置一旁備用。

用手將磨好的馬鈴薯絲，擠出多餘的水分，並用廚房紙巾拍乾。將 250g 的鹽漬牛肉，切成細絲，和馬鈴薯、蛋、蔥、辣根泥、鹽和胡椒一起放入碗裡，混合均勻。在大型不沾平底煎鍋裡，用大火加熱油和奶油。倒入 ¼ 杯的馬鈴薯混合物，一邊壓平，一邊使每面煎上 4 分鐘，或直到呈酥脆的金黃色。放在紙巾上吸乾多餘油脂，搭配莎莎醬上菜。*供應 8 人份。*

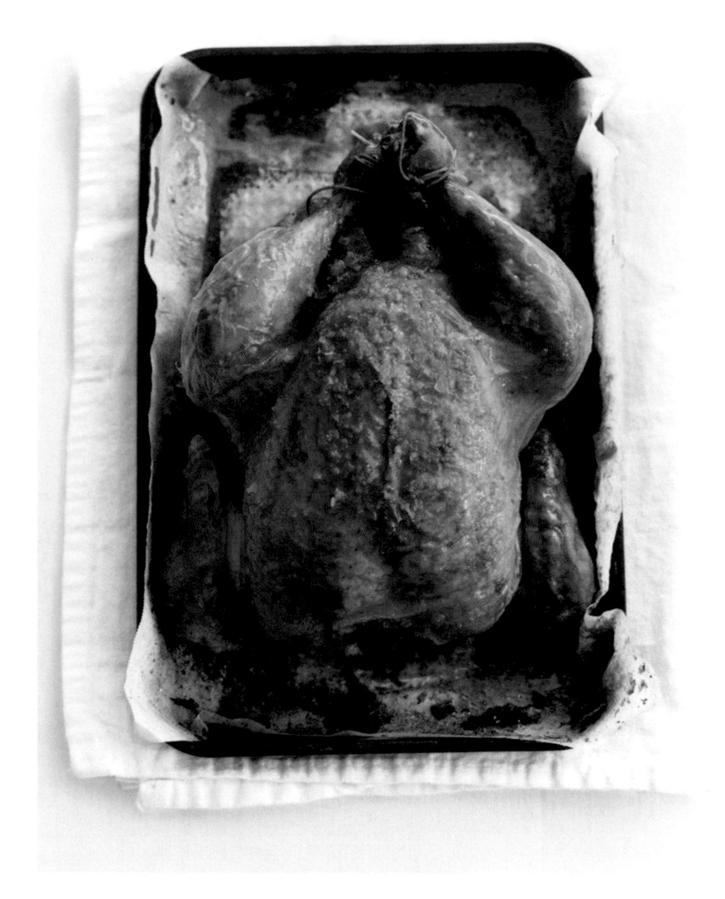

roast chicken
爐烤雞肉

完美的烤雞肥美多汁，充滿美味的香草填餡，那令人難以抗拒的香氣，使大家自動到餐桌就位。

step 1

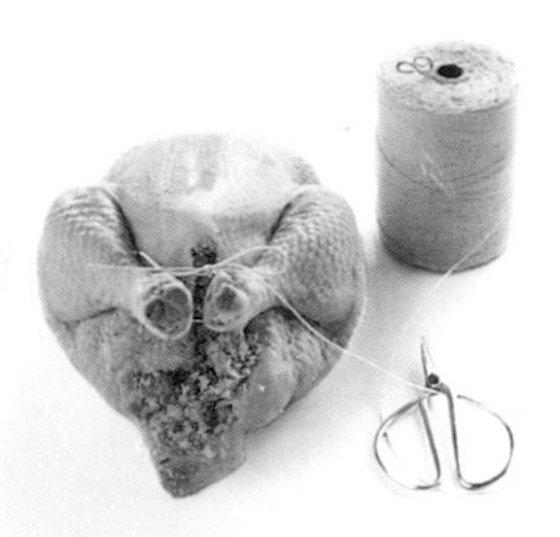

step 2

roast chicken
爐烤雞肉

全雞 1 隻，重 1.6kg
填餡（見右方做法說明）1 份
橄欖油，刷塗用
粗海鹽，表面用
水或雞高湯

cooking times
烹調時間

根據以下的參考表，將一隻全雞送進預熱到190℃（375°F）的烤箱內爐烤。

尺寸	重量	時間
14	1.4kg	50-55分鐘
16	1.6kg	1小時
18	1.8kg	65-70分鐘

Step 1　將烤箱預熱到 190℃（375°F）。將全雞清洗乾淨，用廚房紙巾拍乾。將填餡用湯匙舀入內腔，不要塞得太緊，否則熱源不易循環。

Step 2　用廚房綿繩將兩腿綁緊到幾乎相碰的程度。如此可協助全雞在爐烤過程中仍能定型，同時也使填餡不易從內腔漏出。

Step 3　將全雞放在附烤架的烤盤上，烤架稍微抹上一點油。在雞的表面刷上油，撒上海鹽。將水或雞高湯倒入烤盤底部（產生的水蒸氣可使雞肉均勻烤熟，並產生美味的肉汁）。爐烤 1 小時，或直到全部烤熟，用金屬籤插入拔出後，留出的汁液不帶血色。

try this... 試試口味變化

HERB STUFFING 香草填餡

在平底鍋裡放入 2 小匙的油，以中火加熱。加入 1 小顆切碎的洋蔥，炒 5 分鐘，直到變金黃色。倒入碗裡，和 3 杯（210g）的新鮮麵包粉、1½ 小匙切碎的新鮮香草（百里香、迷迭香或鼠尾草）、30g 軟化的奶油、海鹽和現磨黑胡椒均勻混合。

PARMESAN, PONE NUT AND PARSLEY STUFFING
帕瑪善、松子和巴西里填餡

將 3 杯（210g）的新鮮麵包粉、⅓ 杯（25g）磨碎的帕瑪善起司（parmesan）、3 大匙烤過的松子、¼ 杯切碎的平葉巴西里、20g 的軟化奶油、海鹽和現磨黑胡椒，放入碗裡，均勻混合。

butterfly chicken
蝴蝶剪烤雞

你需要：
廚房剪刀或家禽剪（chicken shears）
一塊砧板

Step 1　將雞胸朝下，背面朝上，雞腿朝向自己。用鋒利的廚房剪刀或家禽剪，緊貼著脊骨的兩邊剪下。將剪下的脊骨丟棄。

Step 2　將全雞翻面，使雞胸朝上。在胸骨處用力壓，使全雞攤平。將雞翅膀收進去再爐烤。

step 1

step 2

spice-roasted chicken
香料烤雞

乾燥辣椒片 1 小匙
大蒜 3 瓣，壓碎
煙燻紅椒粉（smoked paprika）* ½ 小匙
乾燥奧瑞岡（oregano）葉 1 小匙
磨碎檸檬果皮（zest）1 大匙
紅酒醋 ¼ 杯（60ml）
橄欖油 ¼ 杯（60ml）
海鹽和現磨黑胡椒
經蝴蝶剪的全雞 1 隻，1.6kg

將烤箱預熱到 200°C（400°F）。將辣椒、大蒜、紅椒粉、奧瑞岡、檸檬果皮、醋、油、鹽和胡椒粉放入碗裡，混合均勻。將全雞放在鋪了不沾烘焙紙的烤盤上，均勻澆上混合好的醬汁。爐烤 45 分鐘，直到變得金黃香脆，烤到一半時，再刷上烤盤底部的汁液。*可供應 4 人份*。

cooking times 烹調時間

以下的時間，是以一隻重達1.6kg的全雞為準。

雞胸肉（帶骨）	20分鐘
整隻雞腿（maryland）	30分鐘
經蝴蝶剪的全雞（butterflied）	45分鐘

chicken soup
基本雞湯

充滿溫暖滋養的美味，難怪有人說這令人懷舊的食物，能夠滋潤靈魂。
創造出自己的版本，像祖母一樣，代代相傳下去。

basic chicken soup
基本雞湯

西洋芹 2 根，切碎
紅蘿蔔 1 根，去皮切碎
米型麵（risoni）或小型義大利麵 1 杯（220g）
海鹽和現磨黑胡椒
平葉巴西里，切碎，上菜用

chicken stock 雞高湯

全雞 1 隻，重 1.5kg
黃洋蔥 1 顆，切塊
大蒜 2 瓣，切塊
西洋芹 2 根，切塊
紅蘿蔔 1 根，去皮切塊
月桂葉（bay leaves）4 片
黑胡椒粒 1 小匙
清水 2.5 公升或剛好蓋過全雞的水量

step 1

step 2

Step 1 準備製作雞高湯。將全雞、洋蔥、大蒜、西洋芹、紅蘿蔔、月桂葉、胡椒粒和水，放入大型平底深鍋內，以大火加熱。

Step 2 沸騰後，蓋上蓋子，轉成小火。烹煮 1 小時，或直到雞肉熟透。不時用網篩將表面的浮沫撈除+。

Step 3 取出全雞，待其稍微冷卻後，將外皮剝除丟棄，將雞肉從骨頭上撕下（見下方的小秘訣），備用。將高湯過濾，蔬菜丟棄。

Step 4 將高湯放回火爐上，加入西洋芹、紅蘿蔔、米型麵、撕好的雞肉，鹽和胡椒。以大火烹煮 15-20 分鐘，或直到蔬菜煮軟。撒上巴西里後上菜。*可供應 6 人份*。

+ 將表面的浮沫撈除，可使雞高湯澄淨清爽，風味更香甜。

cook's tip 小秘訣

要將雞肉撕下時，先將全雞固定在砧板上（如果仍然燙手，可使用料理鉗）。將外皮剝下，然後用叉子將雞肉一條一條從骨頭撕下。順著雞肉的紋理，就能輕易撕成長條狀。

lemony chicken and rice soup
檸檬雞湯粥

tomato, chicken and bean soup
番茄青豆雞湯

creamy mushroom and chicken soup
鮮奶油蘑菇雞湯

ginger chicken soup with asian greens
薑雞湯搭配亞洲蔬菜

lemony chicken and rice soup
檸檬雞湯粥

雞湯和雞肉 1 份(見 22 頁的做法)
中粒米(medium-grain rice)1 杯(200g)
磨碎的檸檬果皮 1 大匙
海鹽和現磨黑胡椒
檸檬汁 1 大匙
薄荷葉 ½ 杯,上菜用

將過濾好的高湯、米、檸檬果皮、鹽和胡椒,放入大型平底深鍋內,以中火加熱。沸騰後,烹煮 20-25 分鐘,或直到米粒幾乎煮透(僅留一點點米芯 al dente)。加入撕碎的雞肉和檸檬汁,續煮 1 分鐘,或直到雞肉夠熱。撒上薄荷葉上菜。*可供應 6 人份*。

creamy mushroom and chicken soup
鮮奶油蘑菇雞湯

橄欖油 ¼ 杯(60ml)
蔥韭(leeks)2 根,切片
棕色蘑菇(Swiss brown mushrooms)400g,切片
臘質馬鈴薯(sabago / starchy)700g,去皮切塊
百里香葉 2 大匙
不甜的(dry)白酒 ½ 杯(125ml)
雞湯和雞肉 1 份(見 22 頁的做法)
鮮奶油(single cream)1 杯(250ml)
海鹽和現磨黑胡椒
另外準備酸奶油(sour cream)和百里香葉,上菜用

在大型平底深鍋內倒入油,以中火加熱。加入蔥韭、蘑菇、馬鈴薯和百里香,烹煮 10 分鐘,或直到上色。加入白酒煮 1 分鐘。加入過濾好的雞湯,加熱到沸騰後,烹煮 10 分鐘,或直到馬鈴薯變軟。分批放入果汁機(blender)打碎到質感滑順。放回鍋裡,加入鮮奶油、撕下的雞肉、鹽和胡椒,以大火加熱 1 分鐘,或直到雞肉夠熱。澆上酸奶油和額外的百里香後上菜。*可供應 6 人份*。

tomato, chicken and bean soup
番茄青豆雞湯

橄欖油 2 大匙
培根(rashers bacon)3 片,切除外皮並切碎
乾燥辣椒片 ½ 小匙
雞湯和雞肉 1 份(見 22 頁的做法)
切碎番茄罐頭 1 罐(400g)
通心麵(macaroni)或小型義大利麵 100g
海鹽和現磨黑胡椒
白豆(cannellini beans)罐頭 2 罐(每罐 400g),洗淨瀝乾
四季豆(green beans)250g,修切過切段
磨碎的帕瑪善起司(parmesan)½ 杯(40g),上菜用

在大型平底深鍋內倒入油,以大火加熱。加入培根和辣椒,烹煮 2-3 分鐘,或直到變色。加入過濾好的雞湯、撕下的雞肉、番茄、通心麵、鹽和胡椒,續煮 8-10 分鐘。加入白豆和四季豆,續煮 1 分鐘。撒上帕瑪善起司後上菜。*可供應 6 人份*。

ginger chicken soup with asian greens
薑雞湯搭配亞洲蔬菜

雞湯和雞肉 1 份(見 22 頁的做法)
薑 50g,去皮後切薄片
蔥 2 根,切片
小型紅辣椒 4 根,切半
醬油 ¼ 杯(60ml)
麻油 ½ 小匙
紹興酒 2 大匙*
小青江菜 2 把,縱切成 ¼ 等份
香菜葉,上菜用

將過濾好的雞湯、薑、一半的蔥、辣椒、醬油、麻油和紹興酒,放入大型平底深鍋內,以大火加熱。沸騰後續煮 5 分鐘。加入青江菜和撕下的雞肉,續煮 3-5 分鐘,直到青江菜變軟。撒上剩下的蔥和香菜,上桌。*可供應 6 人份*。

poaching chicken

水煮雞肉

你需要：
檸檬 1 顆，切片
平葉巴西里 1 根
黑胡椒粒，稍微磨碎
雞胸肉 4 片各 150g，修切過

Step 1 在大型平底鍋內，注入清水，加入檸檬、巴西里和胡椒粒。加熱到沸騰後，轉成小火，慢煮(simmer) 2-3 分鐘。

Step 2 加入雞胸肉，確認水量要蓋過。烹煮 8 分鐘。離火，靜置 15 分鐘。將雞肉取出，趁熱上菜，或放入冰箱等到要吃時再取出。*可供應 4 人份。*

step 1 step 2

tips + tricks

SLOW AND STEADY 低溫慢煮

水煮雞肉的首要原則，是要以低溫慢煮。轉成小火，保持穩定的小滾慢煮(simmer)狀態。水煮 150g 的雞胸肉，需要慢煮 8 分鐘，再離火靜置 15 分鐘。將雞肉取出後，再靜置 5 分鐘，才將雞肉撕下或切片。大型雞胸肉(200g 左右)，需要在離火的熱水裡，多靜置 5-10 分鐘。

READY OR NOT 判斷熟度

要測試雞肉是否煮熟，可用廚房鉗(tongs)輕壓最厚的部位。應感覺堅硬有彈性。水煮雞肉可在冰箱保存三天。

EXTRA FLAVOUR 添加風味

你可嘗試在煮雞肉的熱水裡，加入其他的調味料，如薑或大蒜、蒔蘿(dill)、百里香和檸檬百里香(lemon thyme)，會有不同的清新芬芳。若要嘗試亞洲風情，則可加入檸檬葉(kaffir lime leaves)、香菜、香茅(lemongrass)或辣椒。

SERVING IDEAS 享用建議

水煮雞肉切片或撕成條狀後，可加入沙拉裡、做成三明治、加入義大利麵、烘蛋(frittatas)或濃湯裡，都很好吃。

chicken salad
雞肉沙拉

充滿了新鮮風味，這道美味的必備沙拉，裡面有多汁的雞肉和嫩滑水煮蛋，搭配香脆麵包，就是一道豐盛的午餐或晚餐。

step 1　step 2

chicken, egg and lettuce salad
雞肉水煮蛋沙拉

雞蛋 4 顆
市售烤雞 1.2kg，去皮撕長條
萵苣或蘿蔓生菜葉（baby cos/Romaine lettuces）2 顆，葉片摘下
醃漬洋蔥（pickled onions）4 顆，切薄片
切碎的細香蔥（chives）¼ 杯
buttermilk dressing 白脫鮮奶沙拉醬
白脫鮮奶（buttermilk）½ 杯（125ml）
檸檬汁 1 大匙
海鹽和現磨黑胡椒

Step 1　準備製作白脫鮮奶沙拉醬。將白脫鮮奶、檸檬汁、鹽和黑胡椒放入碗裡，充分攪拌混合。靜置一旁備用。

Step 2　將雞蛋放入裝滿滾水的平底深鍋內，烹煮 6 分鐘成為半熟狀態（soft boiled）。瀝乾後，用冷水沖洗冷卻。剝殼後備用。

Step 3　將雞肉、生菜、洋蔥和細香蔥，放入碗裡，混合均勻。將雞蛋對切，放在沙拉上，澆上白脫鮮奶沙拉醬後上菜。*可供應 4 人份。*

try this... 試試口味變化

MUSTARD DRESSING 芥末沙拉醬
將 1 大匙的第戎芥末醬（Dijon mustard）、2 瓣壓碎的大蒜、2 大匙檸檬汁和 ¼ 杯（60ml）的橄欖油，放入碗裡攪拌混合。這款沙拉醬，口味較重。你也可以在基本沙拉裡，加入切成薄片的球莖茴香（fennel）和汆燙過的蘆筍。

GARLIC DRESSING 大蒜沙拉醬
將 2 大匙的白酒醋、1 瓣壓碎的大蒜和 ⅓ 杯（80ml）的橄欖油，放入碗裡攪拌混合。 不但風味十足，還能完美搭配地中海風味，像是將橄欖、羊奶起司（goat's cheese）和番茄加入沙拉中。

cook's tip 小秘訣

要做出完美的半熟水煮蛋，記得要等到水滾後再放入雞蛋。越新鮮的雞蛋越好。

polenta
玉米糕

這謙卑的食物，傳統上做爲配菜，但其特有的堅果味和滑順的質地，搭配濃郁、風味飽滿的其他食材時，更能顯出其美味。

step 1
step 2
step 3

basic soft polenta
基本柔軟玉米糕

雞高湯 2 杯（500ml）
鮮奶 1½ 杯（375ml）
即食玉米粥（instant polenta）1 杯（170g）
奶油 30g，切小塊
磨碎的帕瑪善起司（parmesan）¼ 杯（20g）
海鹽和現磨黑胡椒

Step 1 將高湯和鮮奶放入大型平底深鍋內，以中火加熱到沸騰。

Step 2 緩緩邊攪拌邊倒入即食玉米粥（見下方的小秘訣）。邊攪邊煮 2-3 分鐘，或直到變得濃稠。

Step 3 離火，加入奶油、帕瑪善、鹽和胡椒，並攪拌混合。*可供應 4 人份*。

cook's tip 小秘訣

一定記得要慢慢加入即食玉米粥，並不斷攪拌，如此可避免硬塊形成，確保玉米粥滑順綿密。

recipe notes... 做法小提示

CREAT A STIR 持續攪拌

這裡使用的是即食玉米粥，也就是事先煮過的粗粒玉米粉（cornmeal），只需數分鐘便可煮熟，方便快速準備一餐。若是使用非即食（instant）的粗粒玉米粉，烹煮與攪拌的時間都要延長。

GET SET 凝固定型

離火後，玉米粥會凝固定型成糕狀。若想要吃柔軟滑順的玉米粥，就要立即攪散。上菜時，也要趁熱立即分盤鋪平，避免凝固。

herbed polenta chips
香草玉米條

基本玉米糕 1 份（見 28 頁的做法）
切碎的迷迭香葉 1 大匙
奧瑞岡（oregano）葉 1 大匙
百里香（thyme）葉 1 大匙
橄欖油，刷塗用
粗海鹽，撒在表面

按照製作玉米糕的食譜，但用額外的 1½ 杯（375ml）雞高湯，來取代鮮奶。用湯匙舀入稍微抹上油的烤盤裡，抹成均勻的 1 公分厚度。放入冰箱冷藏 30 分鐘，或直到凝固。

將烤箱預熱到 220°C（425°F）。將玉米糕切成 2×10 公分的手指狀，刷上油，撒上鹽。放入稍微抹上油的烤盤裡，烤 20-25 分鐘，或直到變得金黃酥脆。想要的話，可搭配美乃滋或大蒜蛋黃醬（garlic aïoli）上菜。*可供應 4 人份。*

+ 這道食譜需要總共 3½ 杯（875ml）的雞高湯。

creamed corn polenta with crispy skin chicken
奶油玉米粥佐脆皮雞

去骨雞胸肉（chicken supreme）+ 4 份各 300g，帶皮
橄欖油，澆淋用
鼠尾草（sage）5 支
基本玉米糕 1 份（見 28 頁的做法）
市售奶油玉米粒（creamed corn）½ 杯（130g）
額外份量的的鼠尾草葉，切碎 1 大匙
清蒸四季豆，上菜用

烤箱預熱到 220°C（425°F）。將雞肉放在烤盤上，淋上橄欖油，放上鼠尾草。爐烤 20-25 分鐘，或直到變成金黃色，雞肉熟透。

爐烤同時，來製作基本玉米糕，用 ¼ 杯（30g）的切達起司（Cheddar）來代替帕瑪善起司。加入玉米粒和額外的鼠尾草，攪拌混合。舀到盤子裡，放上雞肉和鼠尾草，搭配四季豆。*可供應 4 人份。*

+ chicken supreme 是去骨雞胸肉，連著雞翅膀末端的特定部位。

grilled polenta with mushrooms and ricotta
炙烤蘑菇起司玉米糕

基本玉米糕 1 份（見 28 頁的做法）
大蘑菇（field mushrooms）4 朵
橄欖油，刷油用
瑞可塔起司（ricotta）和市售青醬（pesto）100g，上菜用

按照製作玉米糕的食譜，但用額外的 1½ 杯（375ml）雞高湯，來取代鮮奶。用湯匙舀入稍微抹上油的烤盤裡，表面抹平，烤盤的尺寸約為 20×30 公分，並鋪上不沾的烘焙紙。放入冰箱冷藏 30 分鐘，或直到凝固。

將玉米糕等分切成 6 塊。將橫紋炙烤鍋（char-grill pan）或炙烤架（barbecue）以高溫加熱。在玉米糕和蘑菇表面刷上油，將蘑菇炙烤 10 分鐘。離火。

將玉米糕每面炙烤 5-6 分鐘，或直到變成金黃色。搭配瑞可塔起司，並澆上青醬後上菜。*可供應 4 人份。*

+ 這道食譜需要總共 3½ 杯（875ml）的雞高湯。

one-pan chorizo, olive and feta polenta
一鍋搞定西班牙臘腸，橄欖與菲塔起司玉米糕

基本玉米糕 1 份（見 28 頁的做法）
切碎的羅勒葉 2 大匙
西班牙臘腸（chorizo）1 根，切片
去核綠橄欖 ¼ 杯（20g），切片
菲塔起司（feta）50g，捏碎
博康奇尼起司（bocconcini）2 顆，稍微撕碎
帶藤櫻桃番茄（truss cherru tomatoes）150g

先製作基本玉米糕。加入羅勒葉後，舀入直徑 20 公分、附耐熱（ovenproof）把手的平底鍋內，放上西班牙臘腸、橄欖、菲塔起司、博康奇尼起司和番茄。在預熱好的炙烤架下炙烤（grill/broil）8 分鐘，或直到表面呈金黃色，起司融化。*可供應 4 人份。*

herbed polenta chips
香草玉米條

creamed corn polenta with crispy skin chicken
奶油玉米粥佐脆皮雞

grilled polenta with mushrooms and ricotta
炙烤蘑菇起司玉米糕

one-pan chorizo, olive and feta polenta
一鍋搞定西班牙臘腸，橄欖與菲塔起司玉米糕

gratin
焗烤

這道放縱的餐點，充滿了層層相疊的柔軟馬鈴薯和綿密奶油醬，最適合爲簡單的食物增添一種奢侈的耽溺。

step 1

step 2

potato gratin
焗烤馬鈴薯

鮮奶油（single/poring cream）½ 杯（125ml）
鮮奶 ½ 杯（125ml）
磨好的肉荳蔻（nutmeg）¼ 小匙
融化的奶油 20g
臘質馬鈴薯 600g
中型黃洋蔥 1 顆，去皮切細絲
大蒜 2 瓣，壓碎
海鹽和現磨黑胡椒

Step 1　將烤箱預熱到 180℃（350℉）。將馬鈴薯削皮後，切成薄片。將鮮奶油、鮮奶和肉豆蔻，放入平底深鍋內，以中火加熱至沸騰。離火。

Step 2　在一個容量為 1 公升的耐熱皿裡，刷上奶油。以層層相疊的方式，放入馬鈴薯片、洋蔥絲、大蒜、鹽和胡椒。最表面的一層為馬鈴薯片。

Step 3　澆上仍溫熱的鮮奶油液，烘焙 45 分鐘，或直到馬鈴薯片煮軟。*可供應 6 人份。*

try this... 試試口味變化

PARSNIP AND SWEET POTATO GRATIN
焗烤防風草和甘薯

將 ¾ 杯（45g）新鮮麵包粉、2 大匙融化的奶油、2 小匙切碎的迷迭香、⅓ 杯（25g）磨碎的帕瑪善起司和 ¼ 杯（40g）的松子，放入碗裡，混合均勻。放置一旁備用。按照基本焗烤的做法，用各 200g 去皮切成薄片的防風草和甘薯，來代替 400g 的馬鈴薯。在各層之間，加上迷迭香混合糊。

cook's tip 小秘訣

可以在每層的馬鈴薯片中間，撒上一點起司，增添香濃的風味。可選用你喜愛的起司，如溫和的切達 cheddar，或格魯耶爾 Gruyères、帕瑪善 Parmesan，或濃烈的藍紋 Blue Cheese 和山羊奶起司 Goat's cheese。表面可再撒上一層起司，使成品更香脆。

filleting fish
片魚

你需要：
1塊砧板
1把鋒利的片刀(filleting knife)
1把鋒利的小刀
魚骨鑷子(fish bone tweezers)

Step 1　用鋒利的片魚刀，從魚頭上方斜切到腮鰭處。繼續往下切到胃部，和魚販去內臟所留下的切口交會。

Step 2　將手固定在要切下的魚肉上，同時從魚頭上方最初的切口，向下切1公分，沿著魚背一直劃切到魚尾處。

Step 3　將刀子插入最初的切口，以貼合魚骨的方式，將魚片切開。讓刀子順著魚骨的方向移動，避免來回重覆切。一直切到魚尾處。用折起的布巾來保護壓著魚肉的手。將魚尾相連處切開。現在這塊魚片在魚肚處仍與身體相連。用另一把小刀，切開和肋骨相連處，將魚片完全切下。

Step 4　翻面，重覆Step 1的動作，來取下另一片魚片。這一次，第二道切口要從魚尾處開始，再沿著魚背劃切到第一次的魚頭上方切口。重覆Step 2和3。

Step 5　使用魚骨鑷子，小心地將兩片魚上的魚刺取出。

step 3　　step 4

caper and lemon butter snapper
酸豆和檸檬奶油鯛魚

橄欖油1大匙
鯛魚(snapper)1隻，重1.3kg，切下整塊魚片並去除魚刺
奶油30g
鹽漬酸豆2大匙，清洗瀝乾
檸檬汁1大匙
海鹽和現磨黑胡椒
嫩菠菜葉和檸檬角，上菜用

將油倒入不沾平底鍋中，以大火加熱。放入魚片，帶皮的部分朝下，每面煎1-2分鐘，或直到魚肉熟透。將魚片取出保溫。加入奶油和酸豆，加熱1分鐘，或直到奶油轉成金黃色。加入檸檬汁，離火。將醬汁澆在魚片上，撒上鹽和胡椒，搭配嫩菠菜葉和檸檬角上菜。*2人份*。

baked risotto
烘烤燉飯

這道用烤箱就能輕鬆完成的經典料理，是不需要攪拌的滑順香濃燉飯。
來上一大盤吧，可以滿足你各式的創意美食搭配。

basic baked risotto
基本烘烤義大利燉飯

義大利米（arborio 阿波里歐品種）*
1½ 杯（300g）
雞高湯 1.125 公升（4½ 杯）
磨碎的帕瑪善起司（Parmesan）1 杯（80g）
奶油 40g
海鹽和現磨黑胡椒

step 1

step 2

Step 1　將烤箱預熱到 180°C（350 °F）。將米和高湯倒入容量 2.5 公升的耐熱皿（baking dish）中，攪拌混合。

Step 2　包上錫箔紙，緊密覆蓋，烘烤 40 分鐘，或直到大部分的液體被吸收，米粒剛熟透，仍留有一點點米芯（al dente）。

Step 3　加入帕瑪善、奶油、鹽和胡椒，稍微攪拌，立即上菜。*4 人份*。

cook's tip 小秘訣

盡量避免用水清洗米粒，因爲如此會洗掉寶貴的澱粉質，澱粉質使煮好的燉飯香濃稠腴。加入起司時，輕輕攪拌即可，若是太過用力，會喪失完美的彈牙 al dente 口感。

tips + tricks

TO REHEAT 重新加熱
義大利燉飯最好是馬上現吃，若要加熱剩飯，可倒入平底深鍋內，用瓦斯爐小火加熱，同時慢慢添加一點高湯，並持續攪拌，直到熱透。

A GOLDEN IDEA 金黃米球
燉飯可做成好吃的米球零嘴。將剩飯塑型成球狀，加入藍紋 Blue cheese、莫札里拉 Mozzarella 或帕瑪善起司 Parmesan，均勻沾上麵包粉，油炸到轉成金黃色。

CRISPY EXTRAS 更添香脆
將義大利培根 pancetta 或生火腿 prosciutto 煎到香脆，捏碎撒在燉飯上，可增添一股濃郁的鹹香。

pancetta, sweet potato and sage baked risotto
義大利培根，甘薯和鼠尾草烘烤燉飯

甘薯 400g，去皮切丁
橄欖油 2 大匙
義大利培根（pancetta）*4 片
奶油 40g
鼠尾草葉 ¼ 杯
義大利米（arborio 阿波里歐品種）* 1½ 杯（300g）
雞高湯 1.125 公升（4½ 杯）
磨碎的帕瑪善起司 1 杯（80g）
海鹽和現磨黑胡椒
融化的奶油，澆淋用

將烤箱預熱到 180˚C（350 ˚F）。在烤盤裡加入甘薯和 1 大匙的油，均勻混合。爐烤 25 分鐘，或直到甘薯烤軟。放置一旁備用。

以中火加熱不沾平底鍋。加入剩下的油和義大利培根，煎 2-3 分鐘直到酥脆。放置一旁備用。在不沾平底鍋內，以中火融化奶油。加入鼠尾草加熱 1-2 分鐘，或直到變得酥脆。放置一旁備用。

將米和高湯倒入容量 2.5 公升（10 杯）的耐熱皿（aking dish）中，混合均勻。以錫箔紙緊緊覆蓋，爐烤 40 分鐘，或直到大部分的液體被吸收，米粒剛熟透保留一點點彈牙的米芯（al dente）。加入帕瑪善、鹽和胡椒、甘薯和義大利培根，攪拌混合。放上鼠尾草，淋上額外的奶油，立即上菜。*4 人份*。

spinach, feta and pine nut baked risotto
菠菜，菲塔起司和松子烘烤燉飯

義大利米（arborio 阿波里歐品種）* 1½ 杯（300g）
雞高湯 1.125 公升（4½ 杯）
磨碎的帕瑪善起司 1 杯（80g）
奶油 40g
海鹽和現磨黑胡椒
嫩菠菜葉 50g
菲塔起司（feta）100g，捏碎
烤好的松子 ⅓ 杯（50g）

將烤箱預熱到 180˚C（350 ˚F）。將米和高湯倒入容量 2.5 公升（10 杯）的耐熱皿（baking dish）中，攪拌混合。以錫箔紙緊緊覆蓋，爐烤 40 分鐘，或直到大部分的液體被吸收，米粒剛熟透保留一點點彈牙的米芯（al dente）。加入帕瑪善、奶油、鹽和胡椒、菠菜、菲塔起司和松子，攪拌混合至奶油融化。立即上菜。*4 人份*。

mixed mushroom baked risotto
綜合蘑菇烘烤燉飯

奶油 10g
橄欖油 2 **大匙**
大蒜 2 **瓣，壓碎**
大蘑菇（field mushrooms）100g**，切片**
棕色蘑菇（Swiss brown mushrooms）100g**，切片**
蘑菇（button mushrooms）100g**，切成** ¼ **等份**
義大利米（arborio **阿波里歐品種**）* 1½ **杯**（300g）
雞高湯 1.125 **公升**（4½ **杯**）
磨碎的帕瑪善起司 1 **杯**（80g）
奶油 40g
海鹽和現磨黑胡椒

以中火加熱不沾平底鍋。加入奶油、油、大蒜和蘑菇，煎 5 分鐘，或直到蘑菇轉成金黃色。

將烤箱預熱到180°C（350 °F）。將米、綜合蘑菇和高湯倒入容量2.5公升（10 杯）的耐熱皿（baking dish）中，攪拌混合。以錫箔紙緊緊覆蓋，烘烤 40 分鐘，或直到大部分的液體被吸收，米粒剛熟透保留一點點彈牙的米芯（al dente）。加入帕瑪善起司、奶油、鹽和胡椒，攪拌混合至奶油融化。立即上菜。*4 人份*。

prawn, artichoke and lemon baked risotto
明蝦，朝鮮薊和檸檬烘烤燉飯

義大利米（arborio **阿波里歐品種**）* 1½ **杯**（300g）
雞高湯 1.125 **公升**（4½ **杯**）
中型明蝦（生的）16 **隻，去殼但保留尾部**
磨碎的帕瑪善起司 1 **杯**（80g）
奶油 40g
海鹽和現磨黑胡椒
磨碎的檸檬果皮 2 **大匙**
朝鮮薊芯（artichoke hearts）4 **顆，切成** ¼ **等份**
額外份量磨碎的帕瑪善起司，上菜用

將烤箱預熱到 180°C（350 °F）。將米和高湯倒入容量 2.5 公升（10 杯）的耐熱皿（baking dish）中，攪拌混合。以錫箔紙緊緊覆蓋，爐烤 35 分鐘。加入明蝦，再度覆蓋，繼續爐烤 5 分鐘，或直到大部分的液體被吸收，米粒剛熟透保留一點點彈牙的米芯（al dente）。加入帕瑪善、奶油、鹽和胡椒、檸檬果皮和朝鮮薊芯，攪拌混合至奶油融化。撒上額外的帕瑪善起司，立即上菜。*4 人份*。

gnocchi
麵疙瘩

這些柔軟有彈性的小麵疙瘩，可搭配各式美味佐料，供您盡情享受。
可以簡單地料理，或和濃郁的番茄醬汁一起烘烤，這種簡單的美味令人難以抗拒。

step 1

step 2

basic ricotta gnocchi
基本瑞可塔麵疙瘩

瑞可塔起司（ricotta）500g
磨碎的帕瑪善起司（Parmesan）½ 杯（40g）
雞蛋 2 顆，稍微打散
中筋麵粉（plain flour）1 杯（150g）
海鹽和現磨黑胡椒

Step 1　將瑞可塔、帕瑪善、雞蛋、麵粉、鹽和胡椒放入碗裡，混合均勻。

Step 2　將麵團放在稍微抹了麵粉的工作檯上，塑型成 4×15 公分的條狀，然後切成 2 公分左右的長度，以叉子背面稍微按壓。

Step 3　在大型平底鍋煮滾水，加鹽，分批將麵疙瘩放入，煮 2-3 分鐘或直到熟透。用漏杓舀到碗裡。舀上奧瑞岡奶油（見右方作法），混合均勻。*4 人份*。

oregano butter
奧瑞岡奶油

奶油 140g
奧瑞岡葉 1 杯
白酒醋 2 大匙

以中火加熱一個小型不沾平底鍋。加入奶油煮 3-4 分鐘，或直到奶油變黃棕色。加入奧瑞岡和醋，續煮 1 分鐘。舀到煮好的麵疙瘩上，混合均勻即可。

cook's tip 小秘訣

麵疙瘩的麵團，可在前一天先做好。將麵團塑型成條狀、切好後，用保鮮膜蓋好，放入冰箱冷藏，等到要下鍋時再取出。煮好後要立即食用，才能確保麵疙瘩輕盈鬆軟。

creamy mushroom gnocchi
奶油蘑菇麵疙瘩

prosciutto and spinach gnocchi
生火腿和菠菜麵疙瘩

baked gnocchi
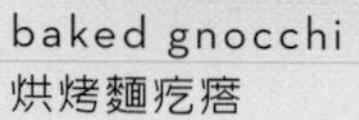
烘烤麵疙瘩

herb gnocchi with basil oil
香草麵疙瘩佐羅勒油

creamy mushroom gnocchi
奶油蘑菇麵疙瘩

基本瑞可塔麵疙瘩(見 38 頁的作法)1 份
羊奶起司(goat's cheese)150g,捏碎
刨成片狀的帕瑪善起司,上菜用
現磨黑胡椒,上菜用
creamy mushroom sauce 奶油蘑菇醬汁
橄欖油 1 大匙
小型黃洋蔥 1 顆,切碎
迷你白蘑菇(button mushrooms)300g,切片
鮮奶油 1¼ 杯(310ml)
雞高湯 ½ 杯(125ml)
百里香葉(thyme)1 大匙
海鹽和現磨黑胡椒

準備製作奶油蘑菇醬汁。以中火加熱中型不沾平底鍋。加入油和洋蔥,煮 3 分鐘或直到洋蔥變軟。加入蘑菇攪拌,煮 5 分鐘,直到變軟。加入鮮奶油、高湯、百里香、鹽和胡椒,慢煮(simmer)10 分鐘,或直到醬汁變濃稠。放置一旁保溫備用。

按照基本麵疙瘩的作法,在麵糊裡加入羊奶起司。將奶油醬汁舀到煮好的麵疙瘩上,撒上帕瑪善起司和胡椒後上菜。*4 人份*。

baked gnocchi
烘烤麵疙瘩

基本瑞可塔麵疙瘩(見 38 頁的作法)1 份
磨碎的莫札里拉起司(mozzarella)1 杯(100g)
tomoto sauce 番茄醬汁
橄欖油 1 大匙
大蒜 3 瓣,切片
切碎的番茄罐頭 2 罐各 400g
雞高湯 1 杯(250ml)
紅糖(brown sugar)2 大匙
伯洛提豆(borlotti beans)1 罐(400g),瀝乾
切碎的羅勒(basil)葉 2 大匙
海鹽和現磨黑胡椒

準備製作番茄醬汁。以中火加熱中型平底深鍋。加入油和大蒜,煮 1-2 分鐘。加入番茄、高湯和糖,煮 5-6 分鐘。加入豆子、羅勒、鹽和胡椒,混合均勻。放置一旁備用。

按照基本麵疙瘩的作法。將煮好的麵疙瘩倒入容量 1 公升(4 杯)的耐熱皿(ovenproof dish)內。舀上番茄醬汁,撒上莫札里拉。用預熱好的炙烤架(grill/broiler)烤 3-4 分鐘,或直到起司融化呈金黃色。*4 人份*。

prosciutto and spinach gnocchi
生火腿和菠菜麵疙瘩

基本瑞可塔麵疙瘩(見 38 頁的作法)1 份
鹽漬酸豆(capers)1¼ 小匙,洗淨瀝乾切碎
鯷魚(anchovy)2 片,切碎
奶油 50g
生火腿(prosciutto)8 片,切碎
嫩菠菜葉 70g,切碎
磨碎的檸檬果皮 1 大匙
磨碎的帕瑪善起司,上菜用

按照基本麵疙瘩的作法,在麵團裡加入酸豆和鯷魚。煮好後放置一旁備用。

以中火加熱大型不沾平底鍋。加入奶油和生火腿煮 2-3 分鐘,直到酥脆。加入嫩菠菜和檸檬果皮,攪拌一下,加入煮好的麵疙瘩,混合均勻。撒上帕瑪善起司後上菜。*4 人份*。

herb gnocchi with basil oil
香草麵疙瘩佐羅勒油

基本瑞可塔麵疙瘩(見 38 頁的作法)1 份
磨碎的檸檬果皮 2 小匙
切碎的薄荷葉 ¼ 杯
切碎的平葉巴西里葉 ¼ 杯
切碎的羅勒葉 ¼ 杯
海鹽和現磨黑胡椒
磨碎的帕瑪善,上菜用
basil oil 羅勒油
切碎的羅勒葉 1 杯
橄欖油 ½ 杯(125ml)
檸檬汁 2 大匙
磨碎的帕瑪善起司 ¼ 杯(20g)
海鹽和現磨黑胡椒

準備製作羅勒油。將羅勒、油、檸檬汁、帕瑪善、鹽和胡椒,放入食物處理機的碗內,打碎,放置一旁備用。

按照基本麵疙瘩的作法,在麵團裡加入檸檬果皮、薄荷、巴西里、羅勒碎、鹽和胡椒。將羅勒油舀在煮好的麵疙瘩上,混合均勻。撒上帕瑪善起司後上菜。*4 人份*。

essentials 必學基本料理

tomato sauce 番茄醬汁

cooked rice 米飯

couscous 北非小麥粒

roasted garlic 爐烤大蒜

onion relish 洋蔥甜酸醬

curry paste 咖哩醬

gravy 肉汁

aïoli 大蒜蛋黃醬

salsa verde 莎莎青醬

terrine 法式凍派

chicken liver pâté 雞肝抹醬

blini 小煎餅

carpaccio 涼拌生薄片

rice paper rolls 越南春捲

frittata 烘蛋

flatbread 扁平麵包

tomato sauce
番茄醬汁

作法簡單，色彩明亮，這道新鮮的常備醬汁，可當作義大利麵的速成醬汁，或抹在披薩上。非常美味，你也會想要裝瓶起來，以備日後使用。

step 1　　step 2

fresh tomato sauce
新鮮番茄醬汁

帶藤羅馬品種番茄（Roma tomatoes）1kg
帶皮大蒜 5 瓣
特級初榨橄欖油 2 大匙
紅酒醋 1 小匙
細砂糖 1 小匙
海鹽和現磨黑胡椒
羅勒葉（basil）1 杯

Step 1　烤箱預熱到 200°C（400 °F）。用一把鋒利的小刀，在每個番茄的底部劃上淺淺 2 公分長的十字。烤盤鋪上不沾烘焙紙，放上番茄和大蒜，爐烤 15-20 分鐘，或直到番茄變軟脫皮。稍微冷卻。

Step 2　將番茄和大蒜去皮後，稍微切碎。和油、醋、糖、鹽、胡椒和羅勒，一起放入碗裡，混合均勻。*這樣可做出 2¾ 杯（680ml）。*

recipe notes　做法小提示

做好的新鮮番茄醬汁，應保存在不透氣的密封容器裡，可冷藏保存 4 天。以小火加熱便是快速的義大利麵醬汁，或用來抹在披薩上。

try this... 試試口味變化

AS A BASE 以基底醬使用

這道番茄醬汁仍帶有番茄粗塊，可做成美味的披薩抹醬，或另外加一點材料，就是吸引人的義大利麵醬汁，也可用來燉肉，如米蘭燉牛膝 osso bucco。若要質地更細，可放入食物處理機內打碎到細密滑順。

IN A SEAFOOD PASTA 用在海鮮義大利麵

將番茄醬汁加熱到沸騰，加入剝皮的生蝦，煮 2-3 分鐘，或直到蝦子熟透。搭配煮好的寬麵（fettucine）或筆管麵（penne）上菜。

rice 米飯

長梗米或茉莉香米 1½ 杯（300g）
水 2½ 杯（625ml）

將米和清水倒入一個大型平底深鍋內，以密合的蓋子蓋好，以中火加熱。煮 10-12 分鐘，直到米粒膨脹飽滿，大部分的液體被吸收。離火，仍蓋著蓋子，靜置 5-10 分鐘。用叉子攪鬆米粒後上菜。*可供 4 人份。*

Tip：若要冷凍保存，可將煮好的米，均勻散在鋪有烘焙紙的烤盤上，用叉子將米粒攪鬆分開，完全冷卻後，倒入密閉塑膠容器內冷凍。解凍時可放入冰箱冷藏，做成一道快速的晚餐或簡單的配菜。

couscous 北非小麥粒

即食北非小麥粒（couscous）1½ 杯（300g）
熱水或雞高湯 1½ 杯（375ml）
奶油 30g
海鹽和現磨黑胡椒

將北非小麥粒和熱水（或高湯）放入碗裡，用保鮮膜或密閉的蓋子蓋好。靜置 5 分鐘，或直到液體被吸收。加入奶油、鹽和胡椒，用叉子拌鬆，將穀粒分開。*可供 4 人份。*

Tip：使用雞高湯，會使北非小麥粒更有風味。也可和奶油一起加入喜愛的香料、新鮮或乾燥香草、葡萄乾或松子。煮好的北非小麥粒可做成沙拉，或當成燉肉或烤肉的配菜。

roasted garlic 爐烤大蒜

整顆大蒜 3 顆
橄欖油 1 大匙
碳烤麵包，上菜用

將烤箱預熱到 180°C（350 °F）。將大蒜的頂部削掉一點，使蒜瓣露出。澆上橄欖油，用錫箔紙包好。放在烤盤上爐烤 45 分鐘，或直到變軟。放置一旁，稍微冷卻後去皮⁺。將蒜瓣放入碗裡，用叉子的背面壓成泥。抹在碳烤麵包上享用。

+ 大蒜變軟後，稍微擠壓一下，便可將蒜瓣擠出。爐烤大蒜也可做成醬汁、搭配烤肉或烤蔬菜。

onion relish 洋蔥甜酸醬

橄欖油 ⅓ 杯（80ml）
黃洋蔥 2kg，切片
紅糖（brown sugar）1 杯（175g）
紅酒醋 1 杯（250ml）
海鹽和現磨黑胡椒

以中 - 大火加熱大型平底深鍋。加入油和洋蔥，加蓋煮 40 分鐘，中間不時攪拌，直到洋蔥呈焦糖化的金黃色。加入糖、醋、鹽和胡椒攪拌，直到糖融化。續煮 10 分鐘，或直到變得如糖漿般濃稠。倒入消毒過的玻璃罐。*這樣可做出 1.25 公升。*

Tip：甜酸醬未開封時，可放在涼爽陰暗處保存 1 個月。開封後，可冷藏保存 3 個月。回復到室溫後再使用。

curry paste
咖哩醬

這道常備的亞洲風味，不但是濃郁咖哩醬汁的基底，也很適合當做烤肉醃醬。亦可冷凍保存供日後使用。

step 1　　step 3

green curry paste
綠咖哩醬

小茴香粉 (ground cumin) ½ 小匙
芫荽籽粉 (ground coriander) ½ 小匙
薑黃 (ground turmeric)* ¼ 小匙
蝦醬 (shrimp paste)* 1 小匙
洋蔥 1 顆或青蔥 5 支，切碎
香茅 (lemongrass)* 2 根 (只取白色部分)，切片
檸檬葉 (kaffir lime leaves)* 4 片，撕碎
薑泥 2 小匙
長的綠辣椒 4 根 (其中 2 根去籽)，切碎
切碎的香菜根 (coriander root) 2 大匙
香菜葉 ¾ 杯
紅糖 (brown sugar) 2 小匙
海鹽和現磨黑胡椒
花生油 2 大匙

Step 1　將小茴香、芫荽籽粉、薑黃和蝦醬，放入小型不沾平底鍋內，以中火加熱。煮 2-3 分鐘，一邊攪拌將蝦醬攪散，直到香味散出。

Step 2　將加熱好的香料醬，和洋蔥、香茅、檸檬葉、薑、辣椒、香菜根和葉、糖、鹽和胡椒，一起放入食物處理機內打碎混合。

Step 3　馬達仍然在運轉時，緩緩以細流方式倒入油，直到醬汁變得滑順。*約可做出 1 杯 (250ml) 的份量。*

try this... 試試口味變化

THAI CHICKEN CURRY 泰式雞肉咖哩
以中火加熱 3 大匙的咖哩醬和 1 大匙的油，約炒 1 分鐘，直到香味飄出。加入 500g 切碎的雞腿肉，煎到變色。加入 1 杯 (250ml) 椰奶 (coconut cream)，和 ¾ 杯 (180ml) 的雞高湯，蓋上蓋子，慢煮 (simmer) 20 分鐘。加入一把切段的長豇豆 (snake beans)，煮到變軟。搭配煮好的米飯和香菜葉。*4 人份。*

AS A MARINADE 作成醃醬
這充滿香氣的咖哩醬，也可發揮在傳統咖哩以外的美食上。何不試試用來醃肉，如羊肉、魚或牛肉，再加以碳烤 (char-grilling or barbecuing)。

some for later 聰明保存

咖哩醬可放入乾淨不潮濕的密閉容器內，冷藏保存二個月。暫時不用的咖哩醬，亦可分成小份，冷凍保存三個月。

gravy
肉汁

爐烤好的肉，要是缺少了肉汁，該有多麼悽慘？掌握基本做法，接著便可加入你喜愛的調味，如芥末、紅酒等。

basic gravy
基本肉汁

爐烤肉汁（pan juice）或蔬菜油 1 大匙
麵粉 2 大匙
雞高湯 2 杯（500ml）
番茄糊（tomato paste）1 小匙
細砂糖 1 小匙
月桂葉（bay leaves）2 片
黑胡椒粒 6 粒

Step 1　將爐烤肉汁或蔬菜油倒入深口平底鍋內，以小火加熱。加入麵粉煮 5-7 分鐘，不時攪拌，直到變色，質地變沙狀。

Step 2　慢慢加入高湯攪拌。加入番茄糊、糖、月桂葉和胡椒粒。將火轉成中火，續煮 5 分鐘，或直到變濃稠。搭配雞肉、火雞肉或豬肉上菜。*可做出 2 杯（500ml）的份量。*

cook's tip 小秘訣

將液體倒入麵粉和油裡時，最好用打蛋器（whisk）攪拌，避免結塊。若有結塊產生，將肉汁倒入過濾網（sieve）裡，濾掉固體結塊。

try this... 試試口味變化

RED WINE GRAVY 紅酒肉汁

在 Step 2 時，緩緩加入 ½ 杯（125ml）的紅酒攪拌。搭配牛排或香腸和薯泥上菜。酒的好壞會影響肉汁的風味，所以最好選擇適飲的紅酒。

MUSTARD AND BRANDY GRAVY
芥末和白蘭地肉汁

在 Step 2 時，小心加入 ½ 杯（125ml）的白蘭地，和 1 大匙的芥末籽醬（seeded mustard）。芥末肉汁適合搭配烤雞、火雞或豬肉。

aïoli 大蒜蛋黃醬

雞蛋 1 顆
檸檬汁 1 大匙
大蒜 3 瓣，壓碎
蔬菜油 1 杯（250ml）
粗海鹽

將雞蛋、檸檬汁和大蒜，放入食物處理機或果汁機裡，攪拌到均勻混合。馬達仍在運轉時，以細流緩緩加入油，直到醬汁濃稠滑順。加入鹽混合。*可做出 1¼ 杯（310ml）。*
Tip：它可當做搭配碳烤鮮蝦、肉類或魚 ... 等的蘸醬，或抹在三明治上享用。

salsa verde 莎莎青醬

平葉巴西里葉（flat-leaf parsley）1 杯
鹽漬酸豆（capers）1 大匙，洗淨瀝乾
大蒜 1 小瓣，切碎
第戎芥末醬（Dijon mustard）1 小匙
鯷魚（anchovy）2 片（可省略）
檸檬汁 1 大匙
橄欖油 1 大匙

將巴西里、酸豆、大蒜、芥末和鯷魚（如果要用），放入食物處理雞內，稍微打碎。馬達還在運轉時，緩緩加入檸檬汁和油，直到充分混合。可做出 ½ 杯（125ml）。
Tip：這道基本青醬可搭配爐烤羊肉、碳烤牛排或雞肉。亦可當作醃醬使用。

terrine
法式凍派

這道法國鄉村經典菜色，非常適合宴客場合，比肉醬(pâté)更吸引人，
可融合各式不同肉類和風味。Bon appétit 祝你胃口大開！

step 1

step 2

step 3

basic country-style terrine
基本鄉村風格凍派

粗粒小牛肉(veal)絞肉 800g
粗粒豬絞肉 800g
培根(rashers bacon)3片，去外皮，切碎
大蒜3瓣，壓碎
檸檬百里香(lemon thyme)葉2大匙
粗海鹽1大匙
現磨黑胡椒2小匙
白蘭地 ½ 杯(125ml)
雞蛋3顆
生火腿(prosciutto)16-20片

Step 1 將烤箱預熱到180℃(350℉)。將絞肉、培根、大蒜、檸檬百里香、鹽、胡椒、白蘭地和雞蛋放入大碗裡，混合均勻。

Step 2 在稍微抹上油、32×8×8公分的長條模裡，以稍微重疊的方式，鋪上生火腿。放入混合好的絞肉，壓緊，將生火腿合起覆蓋。用鋁箔紙蓋好，放在夠深的烤盤(baking dish)裡，倒入足夠的熱水，使水量到達長條模的一半高度。爐烤 1½ 小時，或直到變硬。將長條模從水中取出。

Step 3 剪下一張適合長條模尺寸的卡紙，蓋在長條模上，用重物(如蔬菜罐頭)壓住，放入冰箱冷藏一夜。將凍派脫模後切片上菜。*10-12人份*。

try this... 試試口味變化

ACCOMPANIMENTS 搭配

蒔蘿醃黃瓜(dill pickles)、香料醃黃瓜(cornichons)、醃洋蔥(pickled onions)、甜酸醬(chutneys)、芥末水果(mustard fruits)* 或開胃小菜(relishes)，都可用來搭配凍派。想要來頓隨意的午餐，可用凍派搭配烤好的棍子麵包(baguettes)、香脆的扁麵包(crisp flatbread)或任何一款鄉村風格的麵包。

** 芥末水果 mustard fruits 又稱 Mostarda 或 mostarda di frutta，以芥末糖漿加熱水果製成。*

recipe notes 做法小提示

烤得恰到好處的凍派，應略呈粉紅色。取一把不太尖的刀子，在凍派周圍劃一圈，有助於脫模。蓋上保鮮膜，凍派可冷藏保存五天。

leek and pink peppercorn terrine
蔥韭凍派

粗粒小牛絞肉 400g
粗粒豬絞肉 400g
培根 1 片，切除皮，切碎
大蒜 1 瓣，壓碎
百里香（thyme）葉 1 大匙
全粒的粉紅胡椒 1 大匙，磨碎
粗海鹽 2 小匙
現磨黑胡椒 1 小匙
甜雪莉酒（sweet sherry）⅓ 杯（80ml）
雞蛋 2 顆
蔥韭 3 根，縱切對半後汆燙，並一層層分開

將烤箱預熱到 180°C（350 °F）。將小牛絞肉和豬絞肉、培根、大蒜、百里香、胡椒粒、鹽、胡椒、雪莉酒和雞蛋，放入大碗裡，混合均勻。在容量 180ml 的長條模裡稍微抹上油，鋪上蔥韭。按照基本凍派的 Step 2-3 製作完成，烘烤時間調整到 30 分鐘。冷藏 4 小時直到冷卻。將凍派脫模後上菜。*8 人份*。

caramelised apple and pork terrines
焦糖蘋果和豬肉凍派

奶油 25g
紅糖（brown sugar）⅓ 杯（60g）
水 3 小匙
粗粒雞絞肉 400g
粗粒豬絞肉 400g
培根 1 片，切除皮，切碎
大蒜 1 瓣，壓碎
粗海鹽 2 小匙
現磨黑胡椒 1 小匙
馬莎拉酒（Marsala）* ¼ 杯（60ml）
雞蛋 2 顆
鼠尾草葉 1 大匙
小紅蘋果 2 顆各 140g，切片

將烤箱預熱到 180°C（350 °F）。將奶油、糖和水放入小型平底深鍋內，以中火加熱攪拌，直到奶油融化。沸騰後續煮 1-2 分鐘，直到變得略為濃稠。放置一旁備用。

將雞肉、豬肉、培根、大蒜、鹽、胡椒、馬莎拉酒和雞蛋，放入大碗裡，混合均勻。在 6 個 ×1 杯（250ml）的馬芬模裡，稍微抹上油，鋪上裁成條狀的不沾烘焙紙。將焦糖糊平均分配到馬芬模裡，放上鼠尾草和蘋果片，放上絞肉餡壓緊。按照基本凍派的 Step 2-3 製作，烘烤時間調整到 45 分鐘。冷藏 4 小時或直到冷卻。條狀烘焙紙可方便將凍派脫模，即可上菜。*可做成 6 人份*。

chicken and pistachio terrine
雞肉和開心果凍派

粗粒雞絞肉 800g
粗粒豬絞肉 800g
培根 3 片，切除皮，切碎
大蒜 3 瓣，壓碎
切碎的茵陳蒿（tarragon）葉 2 大匙
乾燥小紅莓（cranberries）1½ 杯（195g）
去殼無鹽開心果（pistachios）½ 杯（70g）
粗海鹽 1 大匙
現磨黑胡椒 2 小匙
波特酒（port）½ 杯（125ml）
雞蛋 3 顆

將烤箱預熱到 180°C（350 °F）。將雞肉、豬肉、培根、大蒜、茵陳蒿、小紅莓、開心果、鹽、胡椒、波特酒和雞蛋，放入大碗裡，混合均勻。按照基本凍派的 Step 2-3 製作，烘烤 1½ 小時。冷藏一整夜。將凍派脫模後切片上菜。 *可做出 10-12 人份*。

veal and duck terrine
小牛肉和鴨肉凍派

去皮鴨胸肉 4 片，每片各 225g
橄欖油，刷塗用
海鹽和現磨黑胡椒
粗粒小牛絞肉 1.2kg
培根 2 片，切除外皮，切碎
大蒜 3 瓣，壓碎
馬鬱蘭（marjoram）葉 2 大匙
粗海鹽 1 大匙
現磨黑胡椒 2 小匙
白蘭地 ½ 杯（125ml）
雞蛋 3 顆
額外的培根 10-12 片，切除皮

將烤箱預熱到 180°C（350 °F）。以大火加熱大型不沾平底鍋。鴨胸肉刷上油，撒上鹽和胡椒，每面煎 1 分鐘，靜置一旁備用。

將小牛絞肉、培根、大蒜、馬鬱蘭、鹽、胡椒、白蘭地和雞蛋，放入大碗裡，混合均勻。在容量 2 公升的長條模稍微抹上油，以稍微重疊的方式鋪上培根。將一半的絞肉餡放入模裡，放上鴨胸肉，再放入剩下的絞肉餡，將培根合上覆蓋，再蓋上鋁箔紙包好。放在夠深的烤盤上，注入足夠的熱水到長條模一半的高度。烘烤 1½ 小時，或直到變紮實。將長條模從水中取出，壓上重物，冷藏隔夜。脫模後切片上菜。可做出 *10-12 人份*。

leek and pink peppercorn terrine
蔥韭凍派

chicken and pistachio terrine
雞肉和開心果凍派

caramelised apple and pork terrines
焦糖蘋果和豬肉凍派

veal and duck terrine
小牛肉和鴨肉凍派

chicken liver pâté
雞肝抹醬

奶油 20g
大蒜 2 瓣，壓碎
小型黃洋蔥 1 顆，切碎
雞肝 300g，修切過（見下方*做法小提示*）
白蘭地 ¼ 杯（60ml）
額外的冷奶油 125g，切碎
濃縮鮮奶油（double cream）¼（60ml）
海鹽和現磨黑胡椒
澄清奶油（clarified butter）80g（見下方說明）
烤黑麥麵包和香料醃黃瓜（cornichons），上菜用

Step 1　將奶油、大蒜和洋蔥放入大型不沾平底鍋內，以中火加熱，烹煮 2-3 分鐘，直到變軟。加入雞肝，續煮 1 分鐘。加入白蘭地，續煮 1 分鐘。

Step 2　將雞肝、額外的冷奶油、鮮奶油、鹽和胡椒，放入食物處理機裡，打碎到質地均勻細密。

Step 3　用細網（fine sieve）來擠壓過濾，舀入容量 250ml 的碗裡。

Step 4　倒入澄清奶油，冷藏 2 小時，直到定型。搭配黑麥麵包和香料醃黃瓜上菜。*4 人份*。

step 2　step 3

clarified butter
澄清奶油

製作澄清奶油時，先將奶油以小火緩緩加熱，不要攪拌。離火靜置。奶油冷卻時，固體物會沉澱在底部，澄清的金黃色液體則浮在表面。小心不要碰到底部的固體物，用湯匙將澄清奶油液體，舀到抹醬上。

recipe notes 做法小提示

買回的雞肝呈耳垂型，用刀子將白色的結締組織和血管切除，避免做好的抹醬帶有苦味。

blini
小煎餅

這種輕盈的蕎麥小煎餅，適合當作宴會的開胃菜，方便用手拿取。你可放上喜愛的各式表面餡料，如起司抹醬和鮭魚等。

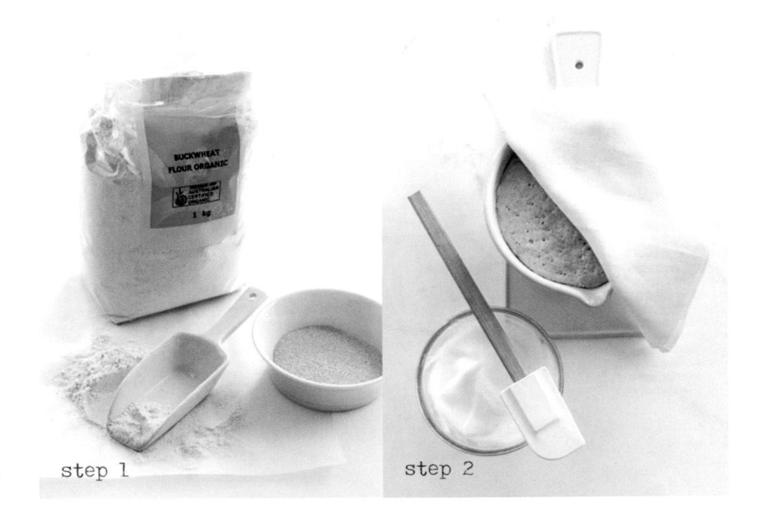

basic blini
基本小煎餅

中筋麵粉 ⅔ 杯（100g），過篩
蕎麥粉（buckwheat flour）* ¼ 杯（35g），過篩
細鹽 ½ 小匙
即溶乾酵母（active dry yeast）* 1 小匙
鮮奶 ½ 杯（125ml）
酸奶油（sour cream）⅓ 杯（80g）
雞蛋 1 顆，分開蛋白及蛋黃

Step 1 將兩種粉、鹽和酵母放入碗裡，攪拌混合。將鮮奶和酸奶油倒入平底深鍋內，以小火邊攪拌加熱 2 分鐘，直到變溫。加入蛋黃攪拌混合。緩緩倒入麵粉裡，一邊攪拌到麵糊光滑。

Step 2 蓋上乾淨潮濕的布巾，放在溫暖處靜置 30 分鐘，直到表面有泡泡產生。

Step 3 將蛋白打發呈濕性發泡（soft peak）*，加入麵糊裡，攪拌混合。

Step 4 以中火加熱稍微抹上油的中型不沾平底鍋。用小湯匙舀入麵糊，煎 1-2 分鐘，或直到表面產生氣泡。翻面再煎 1-2 分鐘，直到變金黃色。冷卻後上菜。*可做出 30 個。*

** 濕性發泡（soft peak）將蛋白打發到以打蛋器舀起，尖端微微下垂的狀態。*

try this... 試試口味變化

SMOKED TROUT, CAPER AND DILL BLINI
煙燻鱒魚，酸豆和蒔蘿小煎餅
若想要時髦精緻的宴客開胃菜，可在小鬆餅放上 1 匙酸奶油、清洗過的鹽漬酸豆、蒔蘿嫩葉和煙燻鱒魚。

RICOTTA BLINI WITH PESTO AND FETA
瑞可塔小煎餅佐青醬和菲塔起司
將 ½ 杯（100g）新鮮的瑞可塔起司輕輕混入小鬆餅麵糊裡。煎好後，放上市售青醬、捏碎的菲塔起司（feta）和西洋菜（watercress）上桌。

EGG AND SALMON BRUNCH BLINI
炒蛋鮭魚卵早午餐小煎餅
煎好的小鬆餅，放上炒蛋、鮭魚卵（salmon roe）、香葉芹（chervil）、海鹽和黑胡椒，就是美味的早餐新選擇。

carpaccio
涼拌生薄片

薄如蟬翼的生牛肉或生魚片，是極佳的清爽開胃菜。
做法簡單，大家都可輕鬆學會，更棒的是幾乎不需動到鍋爐。

beef carpaccio
涼拌生牛肉片

肋眼牛里脊肉（beef eye fillet）250g，修切過
海鹽和現磨黑胡椒
橄欖油 1 大匙
鹽漬酸豆（salted capers）¼ 杯（50g），清洗瀝乾
醃漬洋蔥（pickled onions）4 顆，切薄片
切碎的平葉巴西里葉 ½ 杯
特級初榨橄欖油，澆淋用
磨碎的帕瑪善起司（parmesan），上菜用

step 1

step 2

Step 1 在牛肉上撒上鹽和胡椒，用保鮮膜包好，冷凍 1 小時，直到達到冷凍程度。將油倒入不沾平底鍋內，以大火加熱。加入酸豆煮 3-4 分鐘，直到變酥脆。放在廚房紙巾上吸乾多餘油分並冷卻。

Step 2 將牛肉從保鮮膜取出，用鋒利的刀子切成薄片。擺放在盤子上後，撒上酸豆、洋蔥和巴西里，澆上橄欖油，撒上帕瑪善起司，上菜。*4 人份*。

tips + tricks

FREEZING 冷凍
料理前先將牛肉冷凍，方便切成紙般的薄片。一旦切片後，便會很快地自然解凍。

EXTRA FLAVOUR 增添風味
準備生薄片時幾乎不需開火烹飪，因此適合搭配不同的調味，變化整體風味和口感。可以嘗試櫻桃蘿蔔（radish）和球莖茴香（fennel）薄片，或酥脆的酸豆。

FOR A TOUCH OF GLAMOUR 更添魅力
在耐熱盤（ovenproof plate）裡擺上切片的鮮干貝（scallop）、蝦或龍蝦的生薄片，澆上橄欖油，在預熱好的炙烤架（grill/broil）下烤 15 秒。

kitchen notes 廚房筆記

試著用風味刺激的醬汁來搭配涼拌薄肉片，如芥末和辣根（horseradish）奶油醬汁來搭配牛肉，加味橄欖油來搭配魚肉。最後可撒上香草。

seared beef fillet with horseradish cream
炙燒牛肉片，佐辣根奶油醬

肋眼牛里脊肉 300g
現磨黑胡椒 2 大匙
橄欖油 1 大匙
西洋菜（watercress）嫩葉 1 杯
市售小甜菜根（baby beetroot）½ 杯，切片
horseradish cream 辣根奶油醬汁
法式鮮奶油（cream fraiche）* 1 杯（240g）
市售磨碎辣根泥 1½ 大匙
檸檬汁 2 大匙

準備製作辣根奶油醬汁。將法式鮮奶油、辣根和檸檬汁放入碗裡混合，靜置備用。

將牛肉沾裹上胡椒。將油倒入不沾平底鍋內，以大火加熱。牛肉每面煎 1-2 分鐘，直到帶褐色。包上錫箔紙，靜置 5 分鐘。用鋒利的刀子將牛肉切成薄片。和西洋菜、甜菜根，一起擺在盤子上，搭配辣根奶油醬上菜。*4 人份*。

kingfish, chilli and fennel carpaccio
紅鮒生薄片，辣椒和茴香

粗海鹽 1 大匙
茴香籽（fennel seeds）1 小匙，壓碎
乾燥辣椒片 ½ 小匙
紅鮒里脊肉（kingfish fillet）250g，修切並去魚刺
小球莖茴香（baby fennel）1 顆，切薄片，保留葉做裝飾
檸檬味特級初榨橄欖油 ⅓ 杯（80ml）
檸檬角，上菜用

將鹽、茴香籽和辣椒片放入碗裡混合，靜置備用。用鋒利的刀子將魚切成薄片。在上菜的 4 個盤子裡，擺放好茴香片、魚片，撒上混合好的辣椒調味，以預留的茴香葉裝飾。澆上油，附檸檬角，上菜。*4 人份*。

Tip：要注意，一定要用你買得到，最好的生魚片等級魚肉。使用大型、刀刃薄、有彈性的刀子來片魚。魚販可幫你去掉魚刺。

salmon with miso dressing
鮭魚生薄片佐味噌調味醬

生薑30g，去皮切絲
長型紅蔥（eschalots／Franch shallots）* 2顆，去皮切絲
長的紅辣椒1根，去籽切絲
太白粉（cornflour）¼杯（35g）
蔬菜油2大匙
鮭魚里脊肉250g，修切過，去魚刺
香菜葉，裝飾用
moiso dressing ***味噌調味醬***
白味噌醬 * 2小匙
水½杯（125ml）
醬油1小匙

準備製作味噌醬汁。將味噌、水和醬油放在小型平底深鍋內，以小火加熱，攪拌均勻。煮1-2分鐘，或直到變熱。靜置一旁冷卻。

將薑、紅蔥頭、辣椒和太白粉放入碗裡混合，甩掉多餘的粉。將油倒入小型不沾平底鍋，以大火加熱。加入裹好太白粉的辛香料絲，炸2-3分鐘，直到酥脆。用廚房紙巾吸除多餘油分，靜置備用。用鋒利的刀子將鮭魚切成薄片。擺放在盤子上，加上酥脆的辛香料絲和香菜葉，舀上味噌調味醬上菜。*4人份*。

tuna with sesame and teriyaki dressing
鮪魚佐芝麻和照燒調味醬

鮪魚里脊肉（tuna fillet）250g，修切過
芝麻1杯（150g）
蔬菜油1大匙
醃薑 *，上菜用
teriyaki dressing ***照燒調味醬***
不甜的（dry）白酒½杯（125ml）
醬油½杯（125ml）
細砂糖2大匙
中式黑醋 * 1大匙
麻油½小匙

準備製作照燒醬汁。將酒、醬油、糖、醋和麻油放入小型平底深鍋內，以大火加熱，邊煮邊攪拌使糖融化，約2-3分鐘，或直到稍微濃稠。靜置一旁稍微冷卻。

將鮪魚均勻沾裹上芝麻。在不沾平底鍋內倒入油，以大火加熱。將魚肉每面煎30秒。用鋒利的刀子將鮪魚切成薄片。擺放在盤子上，搭配照燒調味醬和醃薑上菜。*4人份*。

rice paper rolls
越南春捲

這道越南經典菜色，是終極的手拿點心（finger food），裡面可以包上各種豐富多樣的食材，如新鮮蔬菜、麵條、美味的鴨肉、牛肉或雞肉。

step 1

step 2

step 2

basic vegetable rolls
基本蔬菜春捲

乾燥米線（dried rice vermicelli noodles）* 50g
春捲皮 *，直徑 16 公分共 8 片
薄荷葉 ¼ 杯
香菜葉 ¼ 杯
青蔥 1 根，修切過，切絲
紅蘿蔔 1 根（100g），去皮，切絲
小黃瓜 1 根，切絲
荷蘭豆（snow peas）50g，去老莖汆燙過切絲
長的紅辣椒 1 根，去籽切絲（可省略）

Step 1　將米線放入碗裡，用滾水浸泡 6-8 分鐘，直到變軟。瀝乾後放回碗裡，靜置備用。

Step 2　將春捲皮泡入溫水裡 30 秒軟化，放到乾淨的布巾上。放上薄荷、香菜、蔥絲、紅蘿蔔絲、小黃瓜絲、荷蘭豆絲、辣椒絲和米線。將春捲皮的一端摺起，往下捲包住內餡。重複相同的步驟將剩下的材料包完。注意不要包得太滿。搭配醋和醬油蘸醬（見右方做法）上菜。*8 人份*。

dipping sauces 蘸醬

LIME AND CHILLI 萊姆和辣椒蘸醬
在碗裡混合 ⅓ 杯（80ml）的萊姆汁、2 根小的紅辣椒絲、¼ 杯（60ml）魚露和 2 小匙細砂糖。可搭配雞肉、牛肉或蔬菜春捲。*可做出 ½ 杯（125ml）*。

VINEGAR AND SOY 醋和醬油蘸醬
在碗裡混合 ⅓ 杯（80ml）米酒醋、2 大匙醬油和 1 小根的紅辣椒絲。可搭配牛肉、雞肉、鴨肉或蔬菜春捲。*可做出 ½ 杯（125ml）*。

cook's tip 小秘訣

記得在上菜前一刻再動手包春捲。包好後，立即用乾淨潮濕的布巾覆蓋好，避免春捲皮乾裂破掉。

ginger pork parcels
薑汁豬肉春捲

five-spice duck rolls
五香鴨肉捲

coconut and chilli chicken rolls
椰奶和辣椒雞肉捲

basil and lime beef rools
九層塔和萊姆牛肉捲

ginger pork parcels
薑汁豬肉春捲

海鮮醬(hoisin sauce)* ⅓ 杯(80ml)
薑泥 2 小匙
醬油 2 大匙
豬里脊肉(pork fillet) 400g，修切過
蔬菜油 2 小匙
春捲皮 *，直徑 22 公分共 8 片
越南薄荷葉 * ½ 杯
荷蘭豆(snow peas) 100g，去老莖汆燙切絲

將烤箱預熱到 180°C(350 °F)。將海鮮醬、薑和醬油放入小碗混合。取出一半的分量，放入另一個碗，均勻沾裹上豬肉。用中火加熱不沾平底鍋，加入油和豬里脊肉，每面煎 2 分鐘。放入烤箱續烤 10-12 分鐘，到喜歡的熟度。冷卻 5 分鐘再切片。

將春捲皮泡入溫水裡 30 秒軟化，放到乾淨的布巾上。放上薄荷葉、豬肉片和荷蘭豆絲，舀上剩下的海鮮醬。將春捲皮的一端摺起，再把另外兩邊也摺起來，做成頂端開放的包裹狀。重複相同的步驟將剩下的材料包完。*8 人份*。

coconut and chilli chicken rolls
椰奶和辣椒雞肉捲

椰奶罐頭 1 罐(400g)
魚露 2 大匙
萊姆汁 2 大匙
小的紅辣椒 1 根，切碎
雞胸肉 2 片各 200g，修切過
春捲皮 *，直徑 22 公分共 8 片
越南薄荷葉 * 1 杯
蔥 1 根，修切過，切絲
綠豆芽 2 杯(160g)
額外分量的小紅辣椒 2 根，去籽切絲

將椰奶、魚露、萊姆汁和辣椒碎，放入深口平底鍋內，以中火加熱。沸騰後，加入雞肉，蓋上密合的蓋子。轉成小火，煮 8-10 分鐘，或直到雞肉熟透。取出雞肉，保留椰奶醬汁備用。等雞肉冷卻後撕成條狀，備用。

將春捲皮泡入溫水裡 30 秒軟化，放到乾淨的布巾上。放上薄荷葉、蔥絲、雞肉絲、綠豆芽和額外分量的辣椒絲。將春捲皮的一端摺起，往下捲包住內餡。重複相同的步驟將剩下的材料包完。將春捲切成對半，搭配預留的椰奶醬汁上菜。*8 人份*。

five-spice duck rolls
五香鴨肉捲

帶皮鴨胸肉 2 片各 230g，修切過
中式五香粉(five-spice powder)* 1 小匙
海鹽和現磨黑胡椒
梅子醬(plum sauce) ¼ 杯(60ml)
米酒醋 * ½ 小匙
乾燥米線 * 50g
春捲皮 *，直徑 16 公分共 8 片
香菜葉 ½ 杯
韭菜(garlic chives)* 8 根，切成 3 等份，另備額外分量，綁繫用
大白菜葉 * 4 片，汆燙切半

將烤箱預熱到 180°C(350 °F)。在鴨皮上抹五香粉、鹽和胡椒。以大火加熱中型不沾平底鍋。帶皮的部分朝下，放入鴨肉，每面煎 3-4 分鐘，直到呈褐色。放入烤箱續烤 5-8 分鐘，直到熟透。冷卻 5 分鐘後再切片。

在小碗裡混合梅子醬和醋，備用。米線放入碗裡，用滾水浸泡 6-8 分鐘軟化。瀝乾備用。

將春捲皮泡入溫水裡 30 秒軟化，放到乾淨的布巾上。放上香菜葉、韭菜段、大白菜葉、鴨肉片和米線。舀上一點梅子醬。將春捲皮的一端摺起，往下捲包住內餡。重複相同的步驟將剩下的材料包完。用韭菜綁繫起來後上菜。*8 人份*。

basil and lime beef rolls
九層塔和萊姆牛肉捲

蠔油 ⅓ 杯(80ml)
萊姆汁 2 大匙
牛里脊肉(beef fillet) 300g
蔬菜油 2 小匙
春捲皮 *，直徑 22 公分共 4 片
九層塔(Thai basil leaves)* 1 杯
金針菇 * 200g
小黃瓜 1 根，切半後切絲

將烤箱預熱到 180°C(350 °F)。將蠔油和萊姆汁放入小碗裡混合。取出一半的分量放到另一個碗裡，均勻沾裹上牛肉。以大火加熱中型不沾平底鍋。加入油和牛肉，每面煎 2 分鐘。送入烤箱，續烤 5 分鐘到三分熟(medium-rare)或烤到你喜歡的熟度。冷卻 5 分鐘後再切片。

將春捲皮泡入溫水裡 30 秒軟化，放到乾淨的布巾上。將春捲皮切半，每半張都放上九層塔、牛肉片、金針菇和小黃瓜絲，舀上剩下的蠔油。將春捲皮的一端摺起，往下捲包住內餡。重複相同的步驟將剩下的材料包完。搭配萊姆和辣椒蘸醬(見 60 頁的做法)上菜。*8 人份*。

frittata
烘蛋

烘蛋不只能當作美味的早餐，搭配簡單的沙拉，也是風味極佳的輕食午餐。
冷卻後，更能變成方便攜帶的野餐或午餐餐盒選擇。

three cheese frittata
三種起司烘蛋

雞蛋 6 顆
鮮奶油（single cream）1 杯（250ml）
磨碎的帕瑪善起司（parmesan）⅓ 杯（25g）
海鹽和現磨黑胡椒
奶油 20g
橄欖油 2 小匙
瑞可塔起司（ricotta）400g
磨碎的切達起司（cheddar）1 杯（120g）

step 1

step 2

Step 1 將雞蛋、鮮奶油、帕瑪善起司、鹽和胡椒，放入碗裡攪拌均勻。以小火加熱直徑 22 公分、把手耐熱（ovenproof）的不沾平底鍋。加入奶油和油，輕轉一圈均勻覆蓋鍋底。加入蛋液加熱 5 分鐘，直到邊緣變硬。

Step 2 加上瑞可塔起司和切達起司，加熱 15 分鐘，直到蛋液幾乎完全凝固。送入預熱好的炙烤箱內，烤 5 分鐘，到蛋液變硬，表面呈金黃色。*4 人份*。

try this... 試試口味變化

CHEESE 起司
想要成人的刺激口味，可在蛋糊裡加入捏碎的史帝頓（Stilton）或藍紋布里（blue brie）起司。想要溫和一點的口味，可使用羊奶凝乳（goat's curd）或羊奶起司。

ADDITIONS 豐富內餡
想要使烘蛋的內容更豐富，可加入各式剩菜，或爐烤蔬菜、烤雞、烤肉、烤魚、鮪魚罐頭、煙燻鮭魚、火腿、義式臘腸（salami）、西班牙臘腸（chorizo）或烤香腸。

cook's tip 小秘訣
將烘蛋送入烤箱烘烤或炙烤前，務必確認平底鍋的把手是耐熱的（ovenproof），以免把手融化或起火。

roasted pumpkin and feta frittata
爐烤南瓜和菲塔起司烘蛋

奶油南瓜（butternut pumpkin）500g，去皮切丁
橄欖油 2 大匙
海鹽和現磨黑胡椒
雞蛋 6 顆
鮮奶油 1 杯（250ml）
磨碎的帕瑪善起司（parmesan）⅓ 杯（25g）
額外的海鹽和現磨黑胡椒
雞胸肉 2 片各 200g，煮熟撕成條狀
菲塔起司（feta）200g，捏碎

將烤箱預熱到 180°C（350°F）。將奶油南瓜丁、油、鹽和胡椒，放入碗裡混合均勻。放入 2 個烤盤上，爐烤 15 分鐘，直到變成金黃色。將雞蛋、鮮奶油、帕瑪善起司、鹽和胡椒放入碗裡，攪拌混合。在 12 個 ×½ 杯（125ml）的馬芬模裡稍微抹上油，分層疊放南瓜丁、雞肉絲和菲塔起司，再澆上蛋糊。烘烤 15-20 分鐘，直到定型，表面呈金黃色。*可做出 12 個。*

asparagus, potato and goat's cheese frittata
蘆筍，馬鈴薯和羊奶起司烘蛋

臘質馬鈴薯 800g，去皮切成楔形（wedges）塊狀
橄欖油 2 大匙
蘆筍 16 支，修切後切小丁
雞蛋 6 顆
鮮奶油 1 杯（250ml）
磨碎的帕瑪善起司（parmesan）⅓ 杯（25g）
海鹽和現磨黑胡椒
羊奶起司（goat's cheese）110g，捏碎

將烤箱預熱到 180°C（350°F）。將馬鈴薯和油放入容量 1.5 公升（6 杯）的瓷烤盤裡，混合均勻。烘烤 45 分鐘直到轉成金黃色。放上蘆筍丁，將雞蛋、鮮奶油、帕瑪善起司、鹽和胡椒，放入碗裡混合均勻。將蛋液澆在馬鈴薯塊和蘆筍丁上，最後放上羊奶起司碎。烘烤 15-20 分鐘，直到蛋液凝固，表面呈金黃色。*4 人份。*

pea, pancetta, leek and onion frittata
豌豆、義大利培根、蔥韭和洋蔥烘蛋

奶油 20g
橄欖油 2 小匙
黃洋蔥 1 顆，切絲
蔥韭（leek）1 支，切片
雞蛋 6 顆
鮮奶油 1 杯（250ml）
磨碎的帕瑪善起司（parmesan）⅓ 杯（25g）
海鹽和現磨黑胡椒
瑞可塔起司（ricotta）200g
冷凍豌豆 1 杯（120g），解凍
義大利培根（Pancetta）* 5 片，稍微切碎

以中火加熱直徑 22 公分、把手耐熱的不沾平底鍋。倒入奶油和油，輕轉一圈，讓油均勻覆蓋底部。加入洋蔥絲和蔥韭片，炒 5 分鐘，直到變軟。將雞蛋、鮮奶油、帕瑪善起司、鹽和胡椒，一起放入碗裡混合均勻。轉成小火，倒入蛋液加熱 5 分鐘，直到邊緣開始凝固。加上瑞可塔起司、豌豆和義大利培根，加熱 15 分鐘，直到蛋液幾乎完全凝固。放到預熱好的炙烤架（grill/broiler）下，烤 5 分鐘，直到完全凝固，表面呈金黃色。*4 人份。*

grated zucchini frittata
炙烤櫛瓜烘蛋

雞蛋 6 顆
鮮奶油 1 杯（250ml）
磨碎的帕瑪善起司（parmesan）⅓ 杯（25g），再加上額外上菜用的分量
海鹽和現磨黑胡椒
奶油 20g
橄欖油 2 小匙
櫛瓜（courgettes）3 根，磨成絲

將雞蛋、鮮奶油、帕瑪善起司、鹽和胡椒，放入碗裡攪拌混合。以小火加熱直徑 22 公分、把手耐熱的不沾平底鍋。倒入奶油和油，輕轉一圈，均勻覆蓋底部。倒入蛋液加熱 5 分鐘，直到邊緣開始凝固。加入櫛瓜絲加熱 15 分鐘，直到蛋液幾乎凝固。放到預熱好的炙烤架（grill/broiler）下，烤 5 分鐘，直到完全凝固，表面呈金黃色。撒上額外的帕瑪善起司後上菜。*4 人份。*

roasted pumpkin and feta frittata
爐烤南瓜和菲塔起司烘蛋

pea, pancetta, leek and onion frittata
豌豆、義大利培根、蔥韭和洋蔥烘蛋

asparagus, potato and goat's cheese frittata
蘆筍，馬鈴薯和羊奶起司烘蛋

grated zucchini frittata
焗烤櫛瓜烘蛋

flatbread
扁平麵包

這是一種做法簡單而美味的麵包，表面酥脆，內部鬆軟，搭配蘸醬或經典的油醋醬－混合巴沙米可醋和橄欖油，可當作點心或配菜享用。

basic flatbread dough
基本扁平麵包麵團

活性乾酵母（active dry yeast）* 2 小匙
細砂糖 1 小匙
溫牛奶 1⅓ 杯（80ml）
中筋麵粉 2½ 杯（375g）
細鹽 1 小匙
橄欖油 1 大匙，外加刷塗用的分量
粗海鹽，撒在表面

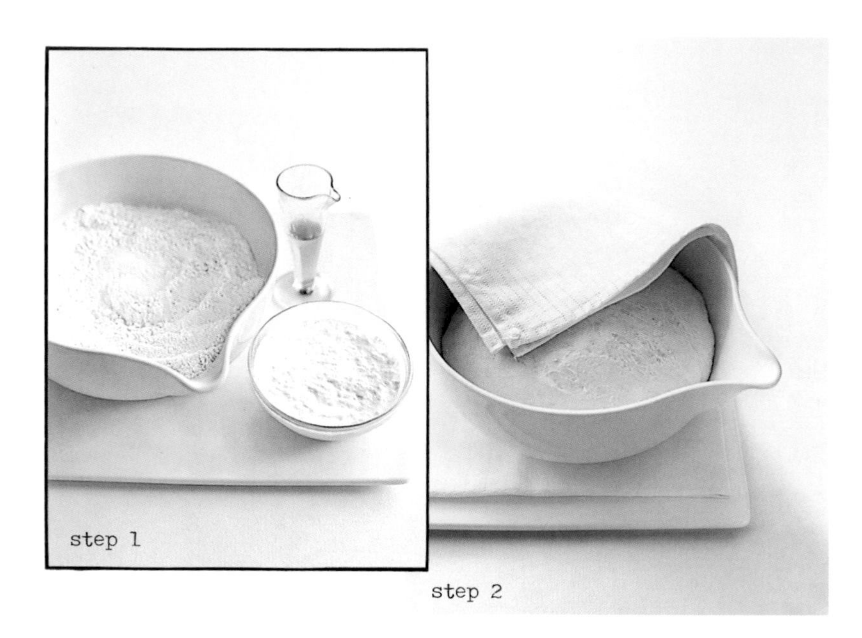

Step 1 將酵母、糖和牛奶放入碗裡，混合均勻。在溫暖處靜置 5 分鐘，或直到表面產生泡沫。

Step 2 將烤箱預熱到 180°C（350°F）。將麵粉、細鹽、油和酵母，放入碗裡混合，做出光滑的麵團。放在撒了一點麵粉的工作檯上，揉麵（knead）5 分鐘，直到麵團光滑有彈性，若會沾黏，可再多撒一點麵粉。放回碗裡，蓋上布巾，放在溫暖處靜置發酵 30 分鐘，直到麵團膨脹到兩倍大。

Step 3 在 26 公分的圓形烤盤上稍微抹上油，放入麵團，均勻壓平成 1 公分的厚度。表面刷上油，撒上粗海鹽。烤 15-20 分鐘，直到轉成金黃色。*6 人份*。

recipe notes 做法小提示

ON THE RISE 發酵
將麵團壓到烤盤上時，最好從中央部分開始，輕輕擴散到周圍。接著只要刷上橄欖油，撒上粗海鹽，就可送入烤箱。若是麵團均勻地平鋪在烤盤裡，便能均勻受熱，麵包也會均勻地膨脹。

cook's tip 小秘訣

扁平麵包最好在剛出爐或當天享用。若要重新加熱，可將烤箱預烤到 180℃（350°F），將麵包用錫箔紙包好，再烤到變熱。

chilli and anchovy flatbread
辣椒和鯷魚扁平麵包

基本扁平麵包麵團 1 份（見 68 頁的做法）
橄欖油，刷塗用
去核黑橄欖 ½ 杯（85g）
鯷魚（anchovy）10 片
乾燥辣椒片 ½ 小匙
百里香（thyme）葉 1 小匙
粗海鹽，表面用

將烤箱預熱到 180°C（350°F）。按照基本麵團的 Step 1-2 進行。在 26 公分的圓形烤盤上稍微抹上油，放入麵團，均勻壓平。刷上油，放上橄欖、鯷魚、辣椒片和百里香，撒上鹽。烤 20 分鐘，直到轉成金黃色。*6 人份。*

fennel and coriander rolls
茴香芫荽小圓麵包

茴香籽（fennel seeds）1 小匙
芝麻 1 小匙
小茴香（cumin seeds）1 小匙
香菜籽（coriander seeds）1 小匙
粗海鹽 ½ 小匙
基本扁平麵包麵團 1 份（見 68 頁的做法）
橄欖油，刷塗用

將茴香籽、芝麻、小茴香、香菜籽和鹽，放入小型食物處理機內，稍微打碎。備用。

將烤箱預熱到 180°C（350°F）。按照基本麵團的 Step 1-2 進行。將麵團均勻分成 12 等份，揉成球狀。在 12 個 ×½ 杯（125ml）的馬芬模裡刷上油，均勻撒上一半分量的打碎混合香料籽。將圓球麵團依序放入馬芬模內，再撒上剩下的香料籽。烘烤 20-25 分鐘，直到變成金黃色。*可做出 12 個。*

garlic and rosemary oil flatbread
大蒜和迷迭香扁平麵包

基本扁平麵包麵團 1 份（見 68 頁的做法）
橄欖油 3 大匙
迷迭香葉（rosemary）¼ 杯
大蒜 2 瓣，壓碎
磨碎的帕瑪善起司（parmesan）1 杯（80g）
粗海鹽

將烤箱預熱到 180°C（350°F）。按照基本麵團的 Step 1-2 進行。將油、迷迭香和大蒜放入碗裡，浸泡 10-15 分鐘。在 25×35 公分的烤盤裡稍微抹上油，將麵團放入均勻壓平，刷上浸好的香料油，撒上帕瑪善起司和粗海鹽。用小刀在麵團上劃切幾道。烘烤 15-20 分鐘，直到變為金黃色。*6 人份*。

caramelised eschalot and goat's cheese flatbread
焦糖紅蔥和羊起司扁平麵包

長型紅蔥（eschalots／Franch shallots）* 15 顆，去皮切半
橄欖油 2 大匙
紅糖（brown sugar）2 大匙
基本扁平麵包麵團 1 份（見 68 頁的做法）
羊奶起司（goat's cheese）100g，捏碎
額外的橄欖油，刷塗用
basil oil 羅勒油
橄欖油 ⅓ 杯（60ml）
羅勒葉（basil）1 杯

將烤箱預熱到 180°C（350°F）。準備製作羅勒油。將羅勒和油放入小型食物處理機內打碎到充分混合。備用。

將長型紅蔥、油和糖放入碗裡，充分混合。放入烤盤裡，烤 15-20 分鐘，直到變成焦糖化的金黃色。備用。

按照基本麵團的 Step 1-2 進行，等到麵團膨脹到兩倍大後，加入羊奶起司，混合均勻。在 20×30 公分的烤盤裡稍微抹上油，將麵團均勻壓平，刷上油，放上焦糖化的長型紅蔥，再烘烤 15-20 分鐘，直到轉成金黃色。刷上羅勒油後上菜。*6 人份*。

** 長型紅蔥（eschalots／Franch shallots）蔥屬植物，在英國常被稱為 echalion shallot。*

baking 烘焙簡單學

sponge cake 海綿蛋糕

pound cake 磅蛋糕

chocolate cake 巧克力蛋糕

shortcrust pastry 甜酥塔

caramel slice 焦糖巧克力蛋糕

vanilla cupcakes 香草杯子蛋糕

scones 司康

choux pastry 泡芙

blueberry muffins 藍莓馬芬

shortbread 奶油酥餅

brioche 布里歐許麵包

sponge cake
海綿蛋糕

帶有經典果醬與鮮奶油內餡的海綿蛋糕，輕盈鬆軟，是天堂般的美味。
也不妨試試以下的口味變化，來一點特別的體驗。

step 1

step 2

step 3

basic sponge cake
基本海綿蛋糕

中筋麵粉 ⅔ 杯 (100g)
泡打粉 (baking powder) ¼ 小匙
雞蛋 4 顆
細砂糖 ½ 杯 (110g)
融化的奶油 50g
草莓果醬 1 杯 (320g)
鮮奶油 (single cream) 1 杯 (250ml)，打發
糖粉 (icing sugar)，裝飾用

Step 1　將烤箱預熱到 180°C (350 °F)。將麵粉和泡打粉過篩 3 次後備用。

Step 2　將全蛋和糖放入電動攪拌機的鋼盆裡，攪拌 8-10 分鐘，直到變得濃稠，顏色變淡，體積成為原來的 3 倍。

Step 3　在蛋糊上方，一邊過篩一邊加入一半的麵粉和泡打粉，輕柔地混合 (fold in)。以相同的方式，加入剩下的麵粉和泡打粉混合。最後再加入奶油混合均勻。分成兩等份，裝入稍微抹上油、鋪上烘焙紙、直徑 19 公分的圓形淺蛋糕模中，烘烤 20-25 分鐘，直到蛋糕摸起來有彈性，邊緣也脫離蛋糕模。脫模後放在網架上冷卻。

Step 4　將其中一塊海綿蛋糕，抹上果醬，放上打發的鮮奶油，再蓋上另一片蛋糕。撒上糖粉後上桌。*6-8 人份*。

recipe notes 做法小提示

sift 過篩—要做出輕盈鬆軟的海綿蛋糕，要確保麵糊充滿空氣。將麵粉和泡打粉過篩 3 次，可確保空氣量足夠。

beat 打發—為了使蛋糕含有更多的空氣，記得要將蛋和糖打發到成為原來的體積 3 倍大。

fold 混合—使用大型金屬湯匙，將奶油混合入麵糊裡，以確保空氣不逸失。

feel 感覺—千萬不要用金屬籤來測試蛋糕的熟度，因為這樣會釋出蛋糕內部寶貴的空氣。只要摸起來有彈性，邊緣已脫離蛋糕模，就代表烤熟了。

caramel and brown sugar sponge cake
焦糖紅糖海綿蛋糕

中筋麵粉 ⅔ 杯(100g),過篩 3 次
泡打粉 ½ 小匙,過篩 3 次
雞蛋 4 顆
紅糖(brown sugar)¼ 杯(45g)
細砂糖 ¼ 杯(55g)
融化的奶油 50g
*caramel icing **焦糖霜***
紅糖 1 杯(175g)
鮮奶油(single cream)1 杯(250ml)

準備製作焦糖霜。將糖和鮮奶油放入小型平底深鍋內,以中火加熱,一邊攪拌,直到糖融化。轉成大火煮 5 分鐘,直到焦糖變得濃稠。靜置到完全冷卻。

將烤箱預熱到 180℃(350 ℉)。將麵粉和泡打粉放入碗裡。將全蛋和糖用電動攪拌機打 8-10 分鐘,直到變得濃稠,顏色變淡,體積成原來的 3 倍。在蛋糊上方,一邊過篩一邊加入一半的麵粉和泡打粉,輕柔地混合(fold in)。以相同的方式,加入剩下的麵粉和泡打粉拌勻。最後再加入奶油混合均勻。裝入稍微抹上油、鋪上烘焙紙、直徑 20 公分的圓形蛋糕模中,烘烤 20-25 分鐘,直到蛋糕摸起來有彈性,邊緣也脫離蛋糕模。脫模後放在網架上冷卻。抹上焦糖霜後享用。*6-8 人份*。

coffee sponge cakes with mascarpone
咖啡海綿蛋糕與馬斯卡邦糖霜

中筋麵粉 ⅔ 杯(100g),過篩 3 次
泡打粉 ¼ 小匙,過篩 3 次
雞蛋 4 顆
細砂糖 ½ 杯(110g)
融化的奶油 50g
即溶咖啡和熱水,各 1 大匙
咖啡利口酒(coffee-flavoured liqueur)¼ 杯(60ml)
*mascapone icing **馬斯卡邦糖霜***
馬斯卡邦起司(mascarpone)250g
紅糖(brown sugar)1 大匙

準備製作馬斯卡邦糖霜。將馬斯卡邦起司和紅糖放入碗裡,攪拌到均勻混合。備用。

將烤箱預熱到 180℃(350 ℉)。將麵粉和泡打粉放入碗裡。將蛋和糖用電動攪拌機打 8-10 分鐘,直到變濃稠,顏色變淡,體積成原來的 3 倍。在蛋糊上方,一邊過篩一邊加入一半的麵粉和泡打粉,輕柔地混合(fold in)。以相同的方式,加入剩下的麵粉和泡打粉拌合。最後加入奶油混合均勻。將即溶咖啡以熱水溶解後也加入混勻。平均裝入稍微抹上油的 8 個 ×¾ 杯(180ml)馬芬模裡,烘烤 20-25 分鐘,直到蛋糕摸起來有彈性。取出放在網架上冷卻。舀上利口酒,抹上馬斯卡邦糖霜後享用。*8 人份*。

chocolate sponge kisses with strawberries
巧克力海綿蛋糕與草莓之吻

中筋麵粉 ⅓ 杯(50g),過篩 3 次
泡打粉 ¼ 小匙,過篩 3 次
可可粉(cocoa)⅓ 杯(35g),過篩 3 次
雞蛋 4 顆
細砂糖 ½ 杯(110g)
融化的奶油 50g
濃縮鮮奶油(double cream)1 杯(250ml),稍微打發
草莓切片 1 杯
糖粉(icing sugar),裝飾用

將烤箱預熱到 180℃(350 ℉)。將麵粉、泡打粉和可可粉放入碗裡,備用。

將全蛋和糖用電動攪拌機打 8-10 分鐘,直到變濃稠,顏色變淡,體積成原來的 3 倍。在蛋糊上方,一邊過篩一邊加入一半的粉類,輕柔地混合(fold in)。以相同的方式,加入剩下的粉類。再加入奶油混合均勻。在烤盤裡鋪上防沾烘焙紙,用湯匙舀上 20 個圓餅狀麵糊,烘烤 8-10 分鐘,直到膨起。放在網架上冷卻。組合時,抹上鮮奶油,放上草莓片,再放上另一片蛋糕作成夾心。撒上糖粉後享用。*可做出 10 個*。

upside-down rhubarb sponge
反轉大黃海綿蛋糕

麵粉 ⅔ 杯(100g),過篩 3 次
泡打粉 ¼ 小匙,過篩 3 次
雞蛋 4 顆
細砂糖 ½ 杯(110g)
融化的奶油 50g
*rhubard topping **大黃餡***
大黃(rhubarb)450g,修切過,切成 21 公分的長度
紅糖(brown sugar)¼ 杯(45g)
香草精(vanilla extract)1 小匙

準備製作大黃餡。將大黃、紅糖和香草精放入碗裡,均勻混合。備用。

將烤箱預熱到 180℃(350 ℉)。將麵粉和泡打粉放入碗裡。將全蛋和糖用電動攪拌機打 8-10 分鐘,直到變濃稠,顏色變淡,體積成原來的 3 倍。在蛋糊上方,一邊過篩一邊加入一半的麵粉和泡打粉,輕柔地混合(fold in)。以相同的方式,加入剩下的麵粉和泡打粉拌勻。最後加入奶油混合均勻。將大黃餡放入稍微抹上油、鋪上防沾烘焙紙、22 公分的正方形蛋糕模底部,倒上麵糊。烘烤 20-25 分鐘,直到蛋糕摸起來有彈性,邊緣也脫離蛋糕模。小心地將蛋糕反轉過來後脫模。放在網架上冷卻。*6-8 人份*。

caramel and brown sugar sponge cake
焦糖紅糖海綿蛋糕

chocolate sponge kisses with strawberries
巧克力海綿蛋糕與草莓之吻

coffee sponge cakes with mascarpone
咖啡海綿蛋糕與馬斯卡邦糖霜

upside-down rhubarb sponge
反轉大黃海綿蛋糕

pound cake
磅蛋糕

濃郁美味的磅蛋糕，使用相同分量的奶油、糖和麵粉，容易記憶的配方，使它成爲你喜愛的常備甜點。

pound cake 磅蛋糕

軟化的奶油 250g
細砂糖 250g
香草精（vanilla extract）1 小匙
雞蛋 4 顆
中筋麵粉（all-purpose）250g，過篩
鮮奶 ¼ 杯（60ml）

Step 1　將烤箱預熱到 160°C（325°F）。將奶油、糖和香草精，放入電動攪拌機的鋼盆裡，攪拌 10-12 分鐘，直到變得輕盈綿密。

Step 2　逐次加入雞蛋，攪拌均勻後再加下一個。加入麵粉攪拌均勻。最後加入鮮奶混合（fold in）。用湯匙舀入稍微抹上油、鋪上烘焙紙、直徑 20 公分的圓形蛋糕模中。烘烤 40-45 分鐘，直到用金屬籤測試，呈不沾黏麵糊的烤熟狀態。留在蛋糕模裡自然冷卻。*8-10 人份。*

try this... 試試口味變化

RASPBERRY CAKES 覆盆子磅蛋糕

按照基本食譜的做法，在 Step 2 時，和鮮奶一起加入 1 杯（125g）的冷凍覆盆子混合（fold in）。用湯匙舀入稍微抹上油、8 個 ×¾ 杯（180ml）的馬芬模內，烘烤 25-30 分鐘，直到金屬籤測試烤熟。不脫模自然冷卻。之後再脫模撒上糖粉享用。

CHOCOLATE CHIP POUND CAKE 巧克力碎磅蛋糕

按照基本食譜的做法，在 Step 2 時，和鮮奶一起加入 ¾ 杯（135g）切碎的黑巧克力混合（fold in）。烘烤 50-55 分鐘，直到金屬籤測試烤熟。不脫模自然冷卻。之後再脫模撒上可可粉享用。

recipe notes 做法小提示

奶油的分量不少，但可增加蛋糕的體積和溼潤度。奶油要處於軟化的室溫狀態，才可攪拌成輕盈綿密的質地。逐次加入雞蛋攪拌，能使材料充分混合，並增加含空氣量，使蛋糕容易膨脹。

巧克力蛋糕

奶油 250g
紅糖（brown sugar）1⅓ 杯（235g）
雞蛋 3 顆
中筋麵粉（all-purpose）2 杯（300g）
泡打粉 1½ 小匙
可可粉（cocoa）⅓ 杯（35g），過篩
酸奶油（sour cream）1 杯（240g）
黑巧克力 250g，融化
chocolate glaze 巧克力鏡面
黑巧克力 150g，切碎
鮮奶油（single cream）⅓ 杯（80ml）

Step 1　將烤箱預熱到 160°C（325°F）。將奶油和糖放入電動攪拌機的鋼盆裡，攪拌到質地輕盈綿密。加入雞蛋攪拌均勻。在奶油糊上方，過篩麵粉、泡打粉和可可粉加入，再倒入酸奶油和融化的巧可力，攪拌均勻。將麵糊倒入稍微抹上油、鋪上烘焙紙、直徑 22 公分圓形蛋糕模內，烘烤 60-70 分鐘，直到剛剛定型。不脫模至自然冷卻。

Step 2　烘烤蛋糕的同時，來製作巧克力鏡面。將巧克力和鮮奶油放入小型平底深鍋內，以小火加熱，一邊攪拌，直到融化成均勻細緻的質地。靜置 10 分鐘使其稍微濃稠，再抹到蛋糕表面。*8-10 人份*。

icing on the top
表層霜飾

CHOCOLATE FUDGE ICING 巧克力軟心糖霜

將 250g 的黑巧克力、½ 杯（125ml）的鮮奶油和 70g 的奶油，放入耐熱碗裡，再將碗放在正在煮滾水（simmering）的平底深鍋上方，隔水加熱攪拌融化到滑順細緻的質地。離火，靜置到完全冷卻後，立即以手持電動攪拌機，打發到濃稠蓬鬆的狀態。

VANILLA CREAM FROSTING 香草奶油霜

將 250g 軟化的奶油放入電動攪拌機的鋼盆裡，攪拌到輕盈綿密。加入 1 杯（160g）過篩的糖粉，和 1 小匙的香草精，攪拌到充分混合。

shortcrust pastry
甜酥塔

只要花一點點時間和精神，就能在家自製甜酥塔。它美妙的奶油香味和酥脆口感，能將平凡的自製塔轉變成特殊奢華的放縱糕點。

basic sweet shortcrust pastry
基本甜酥皮

中筋麵粉 1½ 杯（225g）
奶油 125g，冰冷的，切成小塊
細砂糖 ½ 杯（80g）
蛋黃 3 顆
冰水（iced water）1 大匙

Step 1　將麵粉、奶油和糖放入食物處理機的碗裡，以時打時停的方式，打成麵包粉的小碎粒質地。

Step 2　在馬達保持運轉時，加入蛋黃和水。將麵團打到混合均勻。取出麵團放到撒了一點麵粉的工作檯上，輕柔地塑型成球狀。用雙手壓平成碟狀。用保鮮膜包起，冷藏一小時。

Step 3　將烤箱預熱到 180°C（350°F）。將麵團用兩張不沾烘焙紙上下夾住，擀成 3mm 的厚度。接著視情況（見下方說明）放入冷藏。將酥皮鋪上稍微抹了油，直徑 22 公分的活動式塔模中。將邊緣修切整齊，用叉子在底部刺洞。冷藏 30 分鐘。

Step 4　鋪上烘焙紙，裝滿鎮石（baking beans）。烘烤 15 分鐘，取出鎮石和上層烘焙紙，續烤 10 分鐘，直到酥皮呈金黃色。不脫模自然冷卻。之後裝入你喜歡的內餡享用。*6-8 人份*。

recipe notes 做法小提示

甜酥皮的酥脆口感，來自奶油。但奶油可能會使酥皮過於柔軟，不易擀動。若是在製作過程中發現麵皮太軟時，可放入冷藏數分鐘，增加硬度。

frangipane and lemon tart
杏仁檸檬塔

基本甜酥皮 1 份（見 80 頁做法）
磨碎的檸檬果皮 1 小匙
軟化的奶油 100g
細砂糖 ½ 杯（110g）
雞蛋 1 顆
額外的蛋黃 1 顆
杏仁粉* 1 杯（120g）
中筋麵粉 ¼ 杯（35g）
杏仁片 ¼ 杯（20g）

製作基本甜酥皮，在 Step 1 時加入檸檬果皮。

將奶油和糖放入電動攪拌機的鋼盆裡，攪拌到質地輕盈滑順。緩緩加入雞蛋和額外的蛋黃，攪拌到充分混合即停止。加入杏仁粉和麵粉，攪拌到充分混合。舀入烤好的酥皮上，撒上杏仁片。續烘烤 30-35 分鐘，直到剛好變硬。不脫模至自然冷卻。*6-8 人份*。

coconut and lemon curd tarts
椰子檸檬凝乳塔

基本甜酥皮 1 份（見 80 頁做法）
椰子絲（flaked coconut）½ 杯（25g）
市售檸檬凝乳（或見 114 頁的做法）¾ 杯（300g）
新鮮覆盆子（raspberries），裝飾用
糖粉，裝飾用

製作基本甜酥皮，在 Step 1 時加入椰子絲。在 Step 3 時，將酥皮鋪在稍微抹上油、4×12×7 公分的活動式長方型小塔模裡。

將檸檬凝乳放到碗裡，攪拌到均勻滑順。舀入烤好的酥皮內，冷藏 1-2 小時。加上覆盆子，篩上糖粉後享用。*4 人份*。

chocolate ganache tart
巧克力甘那許塔

基本甜酥皮 1 份（見 80 頁做法）
可可粉 ¼ 杯（25g）
黑巧克力 300g，切碎
鮮奶油（single cream）1 杯（250ml）

製作基本甜酥皮，在 Step 1 時加入可可粉。在 Step 3 時，將酥皮鋪在稍微抹上油、34×10 公分的活動式長方型塔模裡。

將巧克力和鮮奶油放入小型平底深鍋內，以小火加熱，一邊攪拌，使其融化到均勻滑順。靜置 10 分鐘，使其稍微變得濃稠。倒入烤好的酥皮內，輕敲使氣泡逸出。冷藏 1-2 小時到定型。*6-8 人份*。

mascarpone and rhubarb cinnamon tart
馬斯卡邦與大黃肉桂塔

基本甜酥皮 1 份（見 80 頁做法）
肉桂粉 1 小匙
大黃切 16 塊，每塊 10 公分長
細砂糖 2 大匙
清水 1 大匙
馬斯卡邦起司（mascarpone）1½ 杯（350g）
鮮奶油 ¾ 杯（180ml）
糖粉 ¼ 杯（40g）
香草精（vanilla extract）½ 小匙

製作基本甜酥皮，在 Step 1 時加入肉桂粉。在 Step 3 時，將酥皮鋪在稍微抹上油、4 個直徑 8 公分的圓形活動式塔模裡。

在碗裡混合大黃、細砂糖和水。放在鋪了不沾烘焙紙的烤盤上，蓋上錫箔紙，烘烤 15-20 分鐘，直到變軟。靜置一旁冷卻。

將馬斯卡邦起司、鮮奶油、糖粉和香草精放入碗裡混合。舀至酥皮裡，放上大黃，澆上大黃汁後享用。4 人份。

caramel slice
焦糖巧克力蛋糕

中筋麵粉 1 杯（150g），過篩
椰子粉（desiccated coconut）½ 杯（40g）
紅糖（brown sugar）½ 杯（90g）
融化的奶油 125g
caramel filling 焦糖餡
金黃糖漿（golden syrup）⅓ 杯（115g）
奶油 125g，切碎
煉乳（sweetened condensed milk）2 罐，各 395g
chocolate topping 表層巧克力醬
黑巧克力 200g，切碎
蔬菜油 1 大匙

Step 1　將烤箱預熱到 180°C（350 °F）。將麵粉、椰子粉、糖和奶油放入碗裡，充分混合。用湯匙的背面，將麵團壓入鋪在稍微抹上油、鋪上不沾烘焙紙、20×30 公分的模型內底部，烤 20-25 分鐘，直到轉成金黃色。

Step 2　烘烤的同時。製作焦糖內餡。將金黃糖漿、奶油和煉乳，放入平底深鍋內，以小火加熱 6-7 分鐘，不斷攪拌，直到奶油融化，焦糖略呈濃稠。倒入烤好的酥皮裡，續烘烤 20 分鐘，直到轉為金黃色。冷藏到冷卻。

Step 3　製作表層的巧克力醬。將巧克力和油放入耐熱碗裡，放在正在煮滾水的平底深鍋上方，隔水加熱一邊攪拌，融化到質地均勻滑順。澆在冷卻好的焦糖蛋糕上，再冷藏 30 分鐘定型。*可切成 15 塊*。

step 1

step 2

cook's tip 小秘訣

當蛋糕的表層是巧克力，或含有柔軟易沾黏的內餡時，可將刀子浸入熱水中再以布巾擦乾，再進行分切。熱過的刀子能切出邊緣俐落的斷面。

vanilla cupcakes
香草杯子蛋糕

不分年齡，大家都愛杯子蛋糕。只要在表面加上喜愛的糖霜或有趣的裝飾，就可讓這些嬌小的甜點升級。

step 1　step 2

vanilla cupcakes
香草杯子蛋糕

中筋麵粉 1¼ 杯（185g），過篩
泡打粉 ¾ 小匙，過篩
細砂糖 1 杯（220g）
軟化的奶油 125g
雞蛋 2 顆
鮮奶 ¾ 杯（180ml）
香草精（vanilla extract）½ 小匙

Step 1　將烤箱預熱到 160℃（325 ℉）。將中筋麵粉、泡打粉、糖、奶油、雞蛋、鮮奶和香草精，放入電動攪拌機的鋼盆裡，攪拌混合。

Step 2　在 12 個×每個 ½ 杯（125ml）的馬芬模裡，鋪上紙杯模，舀入麵糊，烘烤 20-25 分鐘，直到金屬籤測試不沾黏，烤熟的狀態。取出放在網架上冷卻。加上喜愛的糖霜（icing）。可做出 12 個。

try this... 試試口味變化

LEMON ICING 檸檬糖霜

將 1½ 杯（240g）的過篩糖粉、2 大匙冷開水、2 大匙檸檬汁和 1 小匙磨碎的檸檬果皮，放入碗裡，攪拌到質地滑順。你也可以用柳橙或萊姆的果汁和果皮，來取代檸檬，做出柳橙和萊姆口味。

decorating tip 裝飾小訣竅

你可以在杯子蛋糕上擠糖霜或放些軟糖，做成小朋友喜歡的版本—運用想像力，創造無限的可能性。在基本杯子蛋糕表層抹上香草鮮奶油糖霜（見 79 頁），用喜愛的造型軟糖裝飾，或是彩色巧克力米（sprinkles）和糖衣巧克力。甚至也可在糖霜裡加入幾滴食用色素，增添豐富的色彩。

cinnamon brioche scrolls
肉桂布里歐許捲

基本布里歐許麵團 1 份（見 96 頁的做法）
細砂糖 ¼ 杯（55g）
肉桂粉 ½ 大匙
雞蛋 1 顆，稍微打散
德梅拉拉紅糖（Demerara sugar）* 1½ 大匙

按照基本食譜的 Step 1-3，來製作布里歐許麵團。將細砂糖和肉桂粉放入碗裡，均勻混合。在撒上手粉的工作檯上，將麵團擀成 45×25 公分的長方形。均勻撒上混合的肉桂糖，從較長的那一端捲起密合接口。用鋒利的刀子將兩端裁切整齊，再切成 14 等份。將花捲靠攏，放在 20 公分稍微抹上油的圓形蛋糕模裡，蓋上乾淨潮濕的布巾，靜置 1 小時，使其膨脹到 2 倍大。

將烤箱預熱到 180℃（350 ℉）。在麵團表面刷上蛋汁，撒上紅糖。烘烤 15 分鐘後，鬆鬆的蓋上鋁箔紙，續烤 15-20 分鐘，直到轉成金黃色。脫模放在網架上冷卻。*可做出 14 捲。*

** 德梅拉拉紅糖（Demerara sugar），以蓋亞納共和國 Guyana 產地命名的粗粒紅糖。*

orange brioche muffins with lemon icing
柳橙布里歐許馬芬佐檸檬糖霜

基本布里歐許麵包 1 份（見 96 頁的做法）
磨碎的柳橙果皮 1 大匙
雞蛋 1 顆，稍微打散
柳橙果皮絲，裝飾用
lemon icing 檸檬糖霜
混合好的糖霜（icing sugar mixture）**2 杯（320g），過篩**
滾水 2 大匙
檸檬汁 2 小匙

按照基本食譜的 Step 1-3，來製作布里歐許麵團，在 Step 1 時，將果皮加入牛奶裡。將麵團平均分成 6 個球形，在稍微鋪上手粉的工作檯上，揉搓到光滑。放入稍微抹上油 6 個 × 每個 1 杯（250ml）的馬芬模中。蓋上乾淨潮濕的布巾，靜置 1 小時，使其膨脹到 2 倍大。

將烤箱預熱到 200℃（400 ℉）。在麵團表面刷上蛋汁，烘烤 15-17 分鐘，直到轉成金黃色。取出放在網架上冷卻。

準備製作檸檬糖霜。將糖霜、水和檸檬汁放入碗裡混合。將布里歐許馬芬連同網架，放在鋪了烘焙紙的烤盤上，舀上檸檬糖霜。加上柳橙果皮絲，凝固後享用。*可做出 6 個。*

chocolate-swirl brioche
巧克力螺旋布里歐許

基本布里歐許麵團 1 份（見 96 頁的做法）
切碎的黑巧克力 75g
鮮奶油（single cream）¼ 杯（60ml）
雞蛋 1 顆，稍微打散

按照基本食譜的 Step 1-3，來製作布里歐許麵團。將巧克力和鮮奶油放入小型平底深鍋內，以小火攪拌加熱 2-3 分鐘，或直到融化滑順。靜置到完全冷卻。將麵團放在稍微撒上手粉的工作檯上，擀成 45×30 公分的長方形。抹上巧克力醬，從較長的那端開始捲起密合接口。放在稍微抹上油直徑 22 公分的圓型中空（bundt）模裡。蓋上乾淨潮濕的布巾，靜置 1 小時，使其膨脹到 2 倍大。

將烤箱預熱到 180°C（350°F）。在麵團表面刷上蛋汁，烘烤 35-40 分鐘，直到轉成金黃色。*8-10 人份*。

raspberry and almond brioche tarts
覆盆子杏仁布里歐許塔

基本布里歐許麵團 1 份（見 96 頁的做法）
奶油 50g，融化
細砂糖 ¼ 杯（55g）
雞蛋 1 顆，稍微打散
杏仁粉 * ½ 杯（60g）
中筋麵粉 1 大匙
新鮮覆盆子 125g
額外的雞蛋 1 顆，稍微打散

按照基本食譜的 Step 1-3，來製作布里歐許麵團。將麵團放在稍微撒上手粉的工作檯上，擀成 1 公分的厚度。用 10 公分的圓形壓模，切出 6 個圓形。用 7 公分的圓形壓模在這些圓形上輕壓出邊界。放在鋪了烘焙紙的烤盤上。將奶油、糖、蛋、杏仁粉和中筋麵粉放入碗裡混合。加入覆盆子，抹在圓形麵皮的中央處，邊界外不塗。蓋上乾淨潮濕的布巾，靜置 1 小時，使其膨脹到 2 倍大。

將烤箱預熱到 180°C（350°F）。在邊緣刷上額外的蛋汁，烘烤 17-19 分鐘，直到轉成金黃色。*可做出 6 個*。

desserts 甜點誘人享

pavlova 帕芙洛娃

panna cotta 義式奶酪

baked custard 烤布丁

lemon curd 檸檬凝乳

apple + blueberry crumble
蘋果與藍莓烤麵屑

soufflé 舒芙蕾

crème brûlée 法式烤布蕾

baked cheesecake 烘烤起司蛋糕

crème caramel 焦糖布丁

pavlova
帕芙洛娃

外殼香甜酥脆，內餡如棉花糖般軟綿，上面還有大量的鮮奶油和夏日水果，
難怪許多國家都自稱是這道經典甜品的發明者！

step 1

step 2

basic pavlova
基本帕芙洛娃

蛋白 150ml（約 4 顆蛋）
細砂糖 1 杯（220g）
太白粉（cornflour）2 大匙，過篩
白醋（white vinegar）2 小匙
鮮奶油（single cream）1 杯（250ml）
百香果肉（passionfruit pulp）½ 杯
（約需 4 顆百香果）
草莓 250g，去蒂切半

Step 1　將烤箱預熱到 150°C（300 °F）。將蛋白放入電動攪拌機的鋼盆裡，打發到以攪拌器舀起蛋白霜，尖端呈挺立的硬立體（stiff peaks）狀態。

Step 2　一邊攪拌，一邊慢慢加入糖，直到蛋白霜變紮實而光滑。加入太白粉和醋，攪拌到混合均勻即停止。

Step 3　在烤盤上鋪上烘焙紙，放上蛋白霜，塑形成直徑 18 公分的圓形。降溫到 120 °C（250 °F），烘烤 1 小時 20 分鐘。
關掉烤箱電源，讓帕芙洛娃在烤箱裡完全冷卻。

Step 4　將鮮奶油打發到攪拌器舀起尖端呈微微下垂的狀態（soft peaks）。抹在帕芙洛娃上，加上百香果肉和草莓，立即享用。*8-10 人份*。

Tip：使用新鮮回復到室溫的雞蛋，蛋白打發時才能含有較多的空氣，也較容易打發。

cook's tip 小秘訣

beat 打發－蛋白霜要打發到變硬而光滑，也就是體積會膨脹到原來的 3 倍，舉起攪拌器時，會維持直立不塌落。

shape 塑型－要做出漂亮圓形的帕芙洛娃，可在烘焙紙上畫出標準的圓形，再放到烤盤上。將蛋白霜舀在這圓形之內，以抹刀塑型。

panna cotta
義式奶酪

綿密細緻，甜美有彈性，這款義大利的傳統甜點，原意爲「煮熟的鮮奶油」，能夠完美地蘊含包容各種口味的變化。

basic vanilla bean panna cotta 基本香草義式奶酪

水 2 大匙
吉利丁粉（gelatine powder）2 小匙
鮮奶油（single cream）2 杯（500ml）
糖粉（icing sugar）⅓ 杯（55g），過篩
香草莢 1 根，剖開刮出種籽

step 2

step 3

Step 1　將水放入碗裡，撒上吉利丁粉。靜置 5 分鐘直到水被吸收。

Step 2　將鮮奶油、糖、香草莢和香草籽放入平底深鍋內，以中火加熱到沸騰，不時攪拌。加入吉利丁，邊攪拌邊加熱 1-2 分鐘，直到吉利丁溶解。

Step 3　過濾倒入 4 個，每個約 ½ 杯（125ml）稍微抹上油的杯狀模型內。冷藏 4-6 小時直到固定。享用前 5 分鐘取出。小心脫模後上桌。*4 人份。*

Tip：如果義式奶酪不易脫模，將底部浸泡入溫水中，輕輕倒扣在盤中搖晃即可順利脫模。

recipe notes 做法小提示

setting 準備－吉力丁粉要完全吸收水份後，才能加入鮮奶油內，否則義式奶酪可能不會定型。均勻地撒在冷水上，靜置 5 分鐘，或直到液體被吸收變硬。

size 分量－若要製作 2 倍分量的義式奶酪，不需用雙倍的吉利丁，否則質感會太硬。只需使用原來分量的 1.5 倍即可。

baked custard
烤布丁

來上一口這童年最喜愛的甜點，就像一個擁抱，給人溫暖與安慰。
在這經典的食譜裡，添加你喜愛的口味，創造出自己獨特的布丁。

classic baked vanilla custard
經典香草烤布丁

鮮奶油（single cream）2 杯（500ml）
鮮奶 1 杯（250ml）
香草莢 1 根，剖開刮出種籽，
或使用香草精 1 小匙
雞蛋 2 顆，和額外的 3 顆蛋黃
細砂糖 ½ 杯（110g）

Step 1　將烤箱預熱到 150°C（300 °F）。將鮮奶油、鮮奶、香草莢和香草籽放入平底深鍋內，以大火加熱直到接近沸騰。離火備用。

Step 2　將雞蛋、額外的蛋黃和糖放入碗裡，攪拌到均勻混合。緩緩倒入熱鮮奶油，邊攪拌直到均勻混合為卡士達液。

Step 3　將卡士達液過濾到容量 1.5 公升（6 杯）的耐熱皿（ovenproof dish）中。

Step 4　將耐熱皿放入水浴（water bath，見下方 cook's tip 小秘訣）的烤箱裡。烘烤 1 小時 25 分鐘到定型。

Step 5　從水浴中取出，靜置 15 分鐘再享用。*4-6 人份*。

cook's tip 小秘訣

baking 烤焙－烤盤裡鋪上摺起的布巾，放入耐熱皿，倒入足量的滾水，直到耐熱皿一半的高度，就是水浴（water bath）法。

mixing 混合－緩緩地將熱的鮮奶油混合液，加入蛋液中，可避免將雞蛋燙熟。

heat 餘熱－布丁從烤箱取出時，中央部分應該是還未完全變硬，搖動時仍會晃動的質感，在之後的靜置時間，餘熱會繼續將內部烤熟。

sugar and spice baked custards
紅糖與香料烤布丁

baked lemon rice custard
烘烤檸檬米布丁

marmalade brioche baked custard
柳橙果醬布里歐許烤布丁

baked chocolate custard cups
巧克力布丁小盅

sugar and spice baked custards
紅糖與香料烤布丁

鮮奶油(single cream)**2 杯**(500ml)
鮮奶 1 杯(250ml)
香草莢 1 根，剖開刮出種籽，或使用香草精 1 小匙
肉桂棒 2 根
八角(star anise)**2 顆**
混合香料粉(mixed spice)**¼ 小匙**
雞蛋 2 顆，和額外的 3 顆蛋黃
紅糖(brown sugar)**½ 杯**(90g)

將烤箱預熱到 150°C (300 °F)。將鮮奶油、鮮奶、香草莢、香草籽、肉桂、八角和混合香料粉，放入平底深鍋內，以大火加熱直到接近沸騰。離火備用。

將雞蛋、額外的蛋黃和糖放入碗裡，攪拌到均勻混合。緩緩倒入熱鮮奶油，邊攪拌到均勻混合。過濾到容量 4 個 × 每個 1½ 杯(375ml)的耐熱皿(ovenproof dish)中。將耐熱皿放入水浴(water bath，見 110 頁 cook's tip 小秘訣)的烤箱裡。烘烤 55-60 分鐘到剛好定型。
從水浴中取出，靜置 15 分鐘再享用。*4 人份*。

marmalade brioche baked custard
柳橙果醬布里歐許烤布丁

布里歐許麵包(brioche)**360g，切片**
軟化的奶油，塗抹用
柳橙果醬(orange marmalade)**1 杯**(340g)
鮮奶油(single cream)**4 杯**(1 公升)
鮮奶 2 杯(500ml)
香草莢 1 根，剖開刮出種籽，或使用香草精 1 小匙
雞蛋 4 顆，和額外的 6 顆蛋黃
細砂糖 1 杯(220g)
德梅拉拉紅糖(Demerara sugar)*****，裝飾用**

將烤箱預熱到 150°C (300 °F)。將布里歐許麵包抹上奶油和果醬。直立地擺放在容量 3 公升(12 杯)的耐熱皿(ovenproof dish)中。將鮮奶油、鮮奶和香草莢、香草籽放入平底深鍋內，以大火加熱直到接近沸騰。離火備用。

將雞蛋、額外的蛋黃和糖放入碗裡，攪拌到均勻混合。緩緩倒入熱鮮奶油，邊攪拌直到均勻混合。過濾澆到布里歐許麵包片上，再撒上德梅拉拉紅糖。將耐熱皿放入水浴(water bath，見 110 頁 cook's tip 小秘訣)的烤箱裡。烘烤 65-70 分鐘到剛好定型。從水浴中取出，靜置 15 分鐘再享用。*6-8 人份*。

** 德梅拉拉紅糖(Demerara sugar)，以蓋亞納共和國 Guyana 產地命名的粗粒紅糖。*

baked lemon rice custard
烘烤檸檬米布丁

鮮奶油(single cream)**2 杯**(500ml)
鮮奶 1 杯(250ml)
香草莢 1 根，剖開刮出種籽，或使用香草精 1 小匙
磨碎的檸檬果皮 1 大匙
雞蛋 2 顆，和額外的 3 顆蛋黃
細砂糖 ½ 杯(110g)
煮熟的義大利米飯(arborio **阿波里歐品種**)**[++] 1 杯**
醋栗(currants)**¼ 杯**(40g)
細磨的肉荳蔻(nutmeg)**，裝飾用**

將烤箱預熱到 150°C (300 °F)。將鮮奶油、鮮奶、香草莢、香草籽和檸檬果皮放入平底深鍋內，以大火加熱直到接近沸騰。離火備用。

將雞蛋、額外的蛋黃和糖放入碗裡，攪拌到均勻混合。緩緩倒入熱鮮奶油，邊攪拌到均勻混合。將米飯和醋栗，鋪在容量 1.5 公升(6 杯)的耐熱皿(ovenproof dish)底部。將卡士達液過濾澆在米和醋栗上，將耐熱皿放入水浴(water bath，見 110 頁 cook's tip 小秘訣)的烤箱中。烘烤 50-60 分鐘到剛好定型。從水浴中取出，撒上肉荳蔻粉，靜置 15 分鐘再享用。*4-6 人份*。

+ ⅓ 杯生的 arborio 阿波里歐米，可做出 1 杯的熟飯。

baked chocolate custard cups
巧克力布丁小盅

鮮奶油(single cream)**2 杯**(500ml)
鮮奶 1 杯(250ml)
香草莢 1 根，剖開刮出種籽，或使用香草精 1 小匙
黑巧克力 150g，切碎
雞蛋 2 顆，和額外的 3 顆蛋黃
細砂糖 ½ 杯(110g)

將烤箱預熱到 150°C (300 °F)。將鮮奶油、鮮奶、香草莢、香草籽和巧克力放入平底深鍋內，以大火加熱使巧克力融化。加熱到接近沸騰時，離火備用。

將雞蛋、額外的蛋黃和糖放入碗裡，攪拌到均勻混合。緩緩倒入熱巧克力鮮奶油，邊攪拌到均勻混合。過濾倒入 6 個 × 每個 250ml(1 杯)的小杯子中。將茶杯放入水浴(water bath，見 110 頁 cook's tip 小秘訣)的烤箱裡。烘烤 45 分鐘到剛好定型。從水浴中取出，靜置 15 分鐘再享用。*6 人份*。

Tip：冰涼後享用也很可口，只要在上桌前放入冰箱冷藏即可。

lemon curd
檸檬凝乳

香甜滑順的檸檬凝乳，帶有一絲刺激的酸味，用途廣泛，可以當作快速的甜點、杯子蛋糕或一般蛋糕的內餡，或是好吃的抹醬。

lemon curd
檸檬凝乳

奶油 180g
細砂糖 ¾ 杯（165g）
檸檬汁 ⅔ 杯（160ml），過濾
雞蛋 3 顆

Step 1　將奶油、糖和檸檬汁倒入平底深鍋內，邊攪拌邊以小火加熱，直到奶油融化，糖溶解。

Step 2　離火，加入雞蛋攪拌。重新加熱，一邊攪拌，煮 8-10 分鐘，直到變得濃稠。可做出 2 杯（500ml）。

cook's tip 小秘訣

避免雞蛋在熱檸檬糊中結塊，記得將雞蛋回復到室溫再使用。若是不小心結塊了，可倒入濾網並輕壓，再倒回鍋裡。

try this... 試試口味變化

SPREAD IT ROUND 抹醬
可將檸檬凝乳抹在烤厚片白吐司上當早餐，無比美味；或是搭配現烤的司康（scones）或小薄餅（pikelets），附上濃縮鮮奶油，就是時髦的下午茶。

AS A FILLING 夾心
檸檬凝乳可做成餅乾、多層海綿蛋糕的夾心，或用來裝飾蝴蝶蛋糕（butterfly cakes）。也可放入市售塔皮（tart case）裡，加上鮮奶油，就是簡單的甜點。

apple and blueberry crumble

蘋果和藍莓烤麵屑

青蘋果（Granny Smith 品種）1.2kg，去核切丁
新鮮藍莓 1 杯（150g）
白糖 ⅓ 杯（75g）
磨碎的檸檬皮 1 小匙
檸檬汁 2 小匙
topping 表層麵屑
燕麥片（rolled oats）1 杯（90g）
紅糖（brown sugar）½ 杯（90g）
中筋麵粉 ¼ 杯（35g）
軟化的奶油 75g
肉桂粉 ½ 小匙

Step 1 將烤箱預熱到 180°C（350 °F）。將蘋果丁、藍莓、糖、檸檬果皮和檸檬汁，放入碗裡攪拌均勻。放入一個大耐熱皿（ovenproof dish）中備用。

Step 2 準備製作表層麵屑。將燕麥、糖、中筋麵粉、奶油和肉桂粉，放入碗裡混合均勻。舀到水果上，烘烤 55 分鐘，直到表面餡料呈淡棕色，且蘋果變軟。想要的話，可搭配濃縮鮮奶油或冰淇淋享用。*4 人份。*

step 1　　step 2

try this... 試試口味變化

TOPPINGS 表層麵屑
用不同的材料做出不同的口感和風味。燕麥會產生如餅乾般粗糙酥脆的口感；而中筋麵粉混合了奶油和糖，則會創造出質地細緻、如蛋糕般的表層麵屑。烘烤過的碎榛果（hazelnuts）帶來酥脆的堅果味；撒上椰子絲則有金黃色、美味的熱帶風情。

FRUIT FILLINGS 水果內餡
用你喜愛的水果來做烤麵屑吧！大黃和蘋果是經典的內餡材料；水蜜桃和香草（vanilla）也是。多數的夏季帶核水果，都很適合做成好吃的烤麵屑，也可加入各式莓類，如黑莓和覆盆子。

soufflé
舒芙蕾

用膨鬆輕盈的完美舒芙蕾，爲一餐畫下完美的句點。按照以下的步驟和秘訣，可確保每次都能創造出令人驚艷的天堂般美味。

basic lemon soufflé
基本檸檬舒芙蕾

細砂糖 ⅔ 杯(150g)
水 2 大匙
太白粉(cornstarch) 2 小匙
檸檬汁 100ml
蛋白 5 顆
額外的細砂糖 1½ 大匙
奶油 50g，融化
細砂糖，模型用

step 1

step 2

Step 1　將烤箱預熱到 180℃ (350 ℉)。將糖和水放入小型平底深鍋內，以小火加熱並攪拌，直到糖溶解。用沾溼的糕點刷(pastry brush)，將鍋邊結晶的糖刷下。將太白粉和檸檬汁混合。將檸檬汁加入糖漿中，轉成大火加熱到沸騰，一邊攪拌使其變得稍微濃稠。離火，稍微冷卻。

Step 2　將蛋白打發到舀起蛋白霜，尖端呈微微下垂的狀態(soft peaks)，緩緩加入額外的糖，打發到攪拌器舀起蛋白霜，尖端呈挺立的硬立體(stiff peaks)狀態。與檸檬糖漿混合均勻。在 4 個邊緣垂直的小盅(每個 1¼ 杯，310ml)刷上奶油，均勻撒上模型用的細砂糖。將混合好的麵糊舀入小盅內到 ¾ 的高度，放到烤盤上，入烤箱烘烤 12 分鐘，或直到膨脹升起呈金黃色。立即食用。*4 人份*。

cook's tip 小秘訣

beating 打發－用手持電動攪拌器，將蛋白霜打發到尖端呈微微下垂的狀態(soft peaks)。慢慢加入糖，繼續打發到舉起攪拌器時，尖端呈挺立的硬立體(stiff peaks)狀態。

mixture 麵糊－不要過度打發蛋白霜，否則質地會變成粗粒狀。

timing 時機－加入糖漿後，不要靜置立刻入模烘烤，否則蛋白和糖漿會分離。

chocolate soufflé
巧克力舒芙蕾

細砂糖 ⅔ 杯(150g)
水 3 大匙
可可粉(cocoa)½ 杯(50g),過篩
蛋白 5 顆
額外的細砂糖 1½ 大匙
奶油 50g,融化
細砂糖,模型用

將烤箱預熱到 180°C(350°F)。將糖和水放入小型平底深鍋內,以小火加熱並攪拌,直到糖溶解。用沾溼的糕點刷(pastry brush),將鍋邊結晶的糖刷下。

將可可粉加入糖漿中,攪拌混合。離火,稍微冷卻。將蛋白打發到舀起蛋白霜,尖端呈微微下垂的狀態(soft peaks),緩緩加入額外的糖,打發到攪拌器舀起蛋白霜,尖端呈挺立的硬立體(stiff peaks)狀態。與可可糖漿混合均勻。在 1 個容量 1 公升(4 杯)、邊緣垂直的耐熱皿內刷上奶油,撒上模型用的細砂糖。將麵糊舀入到 ¾ 的高度。包上一圈烘焙紙,使其高出耐熱皿的頂部 2 公分,用廚房綿繩綁緊。放到烤盤上,烘烤 12 分鐘,或直到膨脹升起呈金黃色。立即食用。*6 人份*。

raspberry soufflé
覆盆子舒芙蕾

冷凍覆盆子 300g,解凍
細砂糖 ⅔ 杯(150g)
水 2 大匙
磨碎的檸檬果皮 1 小匙
太白粉(cornstarch)2 小匙
蛋白 5 顆
額外的細砂糖 1½ 大匙
奶油 50g,融化
細砂糖,模型用

將烤箱預熱到 180°C(350°F)。將覆盆子放入食物處理機內,打碎到質地滑順,以濾網過濾。將糖和水放入小型平底深鍋內,以小火加熱並攪拌,直到糖溶解。用沾溼的糕點刷(pastry brush),將鍋邊結晶的糖刷下。

將太白粉和檸檬果皮加入果汁內,攪拌使太白粉溶解。將覆盆子泥混合加入糖漿中,轉成大火,加熱到沸騰,使其變得稍微濃稠。離火,稍微冷卻。將蛋白打發到舀起蛋白霜,尖端呈微微下垂的狀態(soft peaks),緩緩加入額外的糖,打發到攪拌器舀起蛋白霜,尖端呈挺立的硬立體(stiff peaks)狀態。與覆盆子糖漿混合均勻。在 6 個邊緣垂直的小盅,每個 ¾ 杯(180ml)內刷上奶油,撒上模型用的細砂糖。將麵糊舀入小盅內到 ¾ 的高度,放到烤盤上,烘烤 12 分鐘,或直到膨脹升起呈金黃色。*6 人份*。

passionfruit soufflé
百香果舒芙蕾

細砂糖 ⅔ 杯(150g)
水 2 大匙
太白粉(cornstarch)2 小匙
百香果肉 100ml
蛋白 5 顆
額外的細砂糖 1½ 大匙
奶油 50g,融化
細砂糖,模型用

將烤箱預熱到 180°C(350°F)。將糖和水放入小型平底深鍋內,以小火加熱並攪拌,直到糖溶解。用沾溼的糕點刷(pastry brush),將鍋邊結晶的糖刷下。將太白粉和百香果肉放入碗裡攪拌混合。加入糖漿中,轉成大火,一邊攪拌直到稍微變濃稠。離火,稍微冷卻。

將蛋白打發到舀起蛋白霜,尖端呈微微下垂的狀態(soft peaks),緩緩加入額外的糖,打發到攪拌器舀起蛋白霜,尖端呈挺立的硬立體(stiff peaks)狀態。與百香果糖漿混合均勻。在 4 個邊緣垂直的小盅,每個 1½ 杯(375ml)刷上奶油,撒上模型用的細砂糖。將麵糊舀入小盅內到 ¾ 的高度,放到烤盤上,烘烤 12 分鐘,或直到膨脹升起呈金黃色。立即食用。*4 人份*。

orange soufflé
柳橙舒芙蕾

細砂糖 ⅔ 杯(150g)
水 2 大匙
太白粉(cornstarch)2 小匙
新鮮柳橙汁 ⅓ 杯(80ml),過濾
柳橙利口酒(orange-flavoured liqueur)1 大匙
蛋白 5 顆
額外的細砂糖 1½ 大匙
奶油 50g,融化
細砂糖,模型用

將烤箱預熱到 180°C(350°F)。將糖和水放入小型平底深鍋內,以小火加熱並攪拌,直到糖溶解。用沾溼的糕點刷(pastry brush),將鍋邊結晶的糖刷下。

將太白粉、柳橙汁和利口酒,放入碗裡充分混合。加入糖漿中,轉成大火,加熱到沸騰,一邊攪拌直到稍微變濃稠。離火,稍微冷卻。將蛋白打發到舀起蛋白霜,尖端呈微微下垂的狀態(soft peaks),緩緩加入額外的糖,打發到攪拌器舀起蛋白霜,尖端呈挺立的硬立體(stiff peaks)狀態。與柳橙糖漿混合均勻。在 6 個邊緣垂直的小盅,每個 ¾ 杯(180ml)刷上奶油,撒上模型用的細砂糖。將麵糊舀入小盅內到 ¾ 的高度,放到烤盤上,烘烤 12 分鐘,或直到膨脹升起呈金黃色。立即食用。*6 人份*。

chocolate soufflé
巧克力舒芙蕾

passionfruit soufflé
百香果舒芙蕾

raspberry soufflé
覆盆子舒芙蕾

orange soufflé
柳橙舒芙蕾

crème caramel
焦糖布丁

這道如絲般滑順的甜點，可以清新細緻，或是濃郁高熱量，端視你添加的口味而定，包括誘惑人的巧克力和香味撲鼻的柳橙，以及其他口味。

step 1

step 4

basic crème caramel 基本焦糖布丁

細砂糖 ⅔ 杯（150g）
水 ⅓ 杯（80ml）
鮮奶 ¾ 杯（180ml）
鮮奶油（single cream）¾ 杯（180ml）
雞蛋 2 顆
額外的 4 顆蛋黃
額外的 ⅓ 杯（75g）細砂糖
香草精（vanilla extract）2 小匙

Step 1　將烤箱預熱到 150°C（300°F）。將糖和水放入平底深鍋內，以大火邊攪拌邊加熱，直到糖溶解。沸騰後煮 8-10 分鐘，直到糖水呈深褐色的焦糖。倒入 4 個，每個 ¾ 杯（180ml）的耐熱皿中，靜置 5 分鐘，直到焦糖凝固。

Step 2　將鮮奶和鮮奶油放入平底深鍋內，以中火加熱到沸騰。

Step 3　將雞蛋、額外的蛋黃、額外的糖和香草精，放入碗裡攪拌充分混合。緩緩加入 step 2 的混合液，攪拌均勻。

Step 4　將混合液過濾後，倒入耐熱皿中，再將耐熱皿放入水浴（water bath，見 cook's tip 小秘訣）的烤箱中。烘烤 35 分鐘直到凝固。取出冷藏 2 小時直到變冷。享用前 30 分鐘，將焦糖從冰箱取出。脫模翻轉倒在盤子上享用。*4 人份*。

cook's tip 小秘訣

baking 烘烤－水浴（water bath）即是將耐熱皿，放入鋪上摺疊布巾的烤盤中，倒入足量的滾水，到耐熱皿一半的高度。

unmoulding 脫模－將耐熱皿的底部，放入熱水浸 10 秒鐘再脫模，焦糖會較容易滑出。

caramelised orange crème caramels
焦糖柳橙布丁

細砂糖 ⅔ 杯(150g)
水 ⅓ 杯(80ml)
柳橙 4 片
鮮奶 ¾ 杯(180ml)
鮮奶油(single cream)¾ 杯(180ml)
柳橙利口酒(orange-flavoured liqueur)2 大匙
雞蛋 2 顆,加上額外的 4 顆蛋黃
額外的 ⅓ 杯(75g)細砂糖
香草精(vanilla extract)2 小匙

將烤箱預熱到 150°C(300 °F)。將糖、水和柳橙片,放入平底深鍋內,以大火邊攪拌邊加熱,直到糖溶解。沸騰後煮 8-10 分鐘,直到糖水呈深褐色的焦糖。小心地取出柳橙片,靜置備用。將焦糖倒入 4 個,每個 ¾ 杯(180ml)的耐熱皿中,靜置 5 分鐘,直到焦糖凝固。將柳橙片放在凝固的焦糖上。

將鮮奶、鮮奶油和利口酒放入平底深鍋內,以中火加熱到沸騰。離火。將雞蛋、額外的蛋黃、額外的糖和香草精,放入碗裡攪拌充分混合。緩緩加入熱鮮奶油混合液,攪拌混合。過濾,倒入耐熱皿中。將耐熱皿放入水浴(water bath,見 122 頁 cook's tip 小秘訣)的烤箱中。烘烤 35 分鐘直到定型。取出冷藏 2 小時直到變冷。翻轉脫模後享用。*4 人份*。

coffee crème caramel
咖啡焦糖布丁

細砂糖 1⅓ 杯(295g)
水 ⅔ 杯(160ml)
鮮奶 1½ 杯(375ml)
鮮奶油(single cream)1½ 杯(375ml)
濃縮咖啡(espresso)¼ 杯(60ml)
咖啡利口酒(coffee-flavoured liqueur)2 大匙
雞蛋 4 顆,外加額外的 8 顆蛋黃
額外的細砂糖 ⅔ 杯(150g)
香草精(vanilla extract)1 大匙

將烤箱預熱到 150°C(300 °F)。按照基本食譜(見 122 頁)的 Step 1,製作焦糖。倒入直徑 20 公分的圓形蛋糕模中,靜置 5 分鐘,直到焦糖凝固。

將鮮奶、鮮奶油、咖啡和利口酒,放入平底深鍋內,以中火加熱到沸騰。離火。將雞蛋、額外的蛋黃、額外的糖和香草精,放入碗裡攪拌充分混合。緩緩加入熱鮮奶油混合液,攪拌混合。過濾,倒入蛋糕模中。將蛋糕模放入水浴(water bath,見 122 頁 cook's tip 小秘訣)的烤箱中。烘烤 40 分鐘直到定型。取出冷藏 4 小時直到變冷。翻轉脫模後享用。*8 人份*。

whisky crème caramel
威士忌焦糖布丁

細砂糖 1⅓ 杯(295g)
水 ⅔ 杯(160ml)
鮮奶 1½ 杯(375ml)
鮮奶油(single cream) 1½ 杯(375ml)
威士忌 ⅓ 杯(80ml)
雞蛋 4 顆,外加額外的 8 顆蛋黃
額外的 ⅔ 杯(150g)細砂糖
香草精(vanilla extract)1 大匙

將烤箱預熱到 150°C(300°F)。按照基本食譜的 Step 1 製作焦糖。倒入邊長 20 公分的方型蛋糕模,靜置 5 分鐘,直到焦糖凝固。

將鮮奶、鮮奶油和威士忌放入平底深鍋內,以中火加熱到沸騰。離火。將雞蛋、額外的蛋黃、額外的糖和香草精,放入碗裡攪拌充分混合。與熱鮮奶油混合液,攪拌混合。過濾,倒入方形蛋糕模中。將蛋糕模放入水浴(water bath,見 122 頁 cook's tip 小秘訣)的烤箱中。烘烤 40 分鐘直到定型。取出冷藏 4 小時直到變冷。翻轉脫模後享用。*8 人份*。

chocolate crème caramel
巧克力焦糖布丁

烘烤過的榛果(hazelnuts)½ 杯(70g),切碎
細砂糖 1⅓ 杯(295g)
水 ⅔ 杯(160ml)
鮮奶 ¾ 杯(180ml)
鮮奶油(single cream) ¾ 杯(180ml)
黑巧克力 100g,切碎
雞蛋 2 顆,外加額外的 4 顆蛋黃
額外的 ⅓ 杯(75g)細砂糖
香草精(vanilla extract)2 小匙

將烤箱預熱到 150°C(300°F)。將榛果放在鋪了烘焙紙的小烤盤上。將糖和水放入平底深鍋內,以大火邊攪拌邊加熱,直到糖溶解。沸騰後煮 10-12 分鐘,直到糖水呈深褐色的焦糖。將一半的焦糖倒在榛果上鋪平(冷卻固定後成為榛果太妃糖),剩下的一半均分倒入 4 個,每個約 1 杯(250ml)的淺耐熱皿中。靜置 5 分鐘,直到焦糖凝固。

將鮮奶、鮮奶油和巧克力放入平底深鍋內,以中火加熱直到巧克力融化,剛達到沸騰。離火。將雞蛋、額外的蛋黃、額外的糖和香草精,放入碗裡攪拌充分混合。緩緩加入鮮奶油混合液,攪拌混合。過濾,分別倒入耐熱皿中。將耐熱皿放入水浴(water bath,見 122 頁 cook's tip 小秘訣)的烤箱內。烘烤 15 分鐘直到定型。取出冷藏 2 小時直到變冷。搭配榛果太妃糖(toffee)享用。*4 人份*。

glossary+index
字詞解釋和索引

本書大部分的材料都可在超市取得，若有不確定的地方，

也許 glossary 字詞解釋的部分會有所幫助。

這裡也附上了國際通用的轉換計量表以及食譜索引。

almond meal 杏仁粉
也就是將杏仁磨碎，在大部分的超市都可買到。可用來代替中筋麵粉，或和中筋麵粉混合，當作製作蛋糕和甜點的材料一起使用。若要自行製作，可將整顆去皮的杏仁，用食物處理機或果汁機打碎成粉（125g 的杏仁粒可磨出1杯的杏仁粉）。將杏仁去皮時，可將杏仁浸泡在滾水中，再用手指搓去皮。

arborio rice 阿波里歐米
一種粗而短的米粒，可做成義大利燉飯Risotto。它表面的澱粉質，和高湯共煮到彈牙程度時，會形成濃郁綿密如奶油般的滑潤質地。在一般超市都可買到。

buckwheat flour 蕎麥粉
蕎麥麵粉帶有堅果味，是日本蕎麥麵（soba noodles）的材料。亦常用來取代一般的中筋麵粉。未磨碎的整粒蕎麥，也可當作米粒來烹煮。在健康食品商店和某些超市可買到。

Chinese black vinegar 中式黑醋
黑醋是用米釀成的，帶有濃郁黏稠的質地，用在中式快炒和其他中式餐點上。它的種類不少，但一般認為鎮江香醋品質最優。通常在超市的亞洲區或亞洲超市可買到。

Chinese cabbage 大白菜
屬於甘藍（brassica）家族的一員，大白菜的口感清脆，帶一絲甜味。雖然常見於亞洲菜餚中，但它的滋味適合更多的用途，可做成青菜沙拉和涼拌捲心菜（coleslaws）。在超市、亞洲超市和農夫市集可買到。

Chinese five-spice powder 中式五香粉
廣泛運用在中式料理中，具體成分會有所變化，但通常包括八角、丁香、肉桂、花椒和茴香籽（fennel seeds）等磨成的粉。在超市的香料區可買到。

Chinese rice wine 米酒（紹興酒）
這種酒精濃度低的酒，用來入菜，可以加入快炒、醃料和醬汁中。由發酵的米粒釀成，通常十年屬陳年，風味近似於不甜的雪莉酒（dry shelly）。可在超市的亞洲區或亞洲超市買到。

crème fraîche 法式酸奶油
它所含有的一絲酸味，是來自發酵的鮮奶油（cream）。原產自法國，它可加在甜鹹料理中，口味近似於清爽板的酸奶油（light sour cream）。大多數的超市和特產商店都買得到。

Demerara sugar 德梅拉拉紅糖
這是一種顆粒較大的生糖（raw sugar）。它帶有較深的金黃色，嚐起來幾乎像糖蜜（molasses），因此可為甜點增添一股深度。在超市的烘焙區可買到。

* 德梅拉拉紅糖（Demerara sugar），以蓋亞納共和國 Guyana 產地命名的粗粒紅糖。

dry yeast 乾燥酵母
酵母是一種微小的活真菌，和水、麵粉與糖混合後，會產生二氧化碳，因此導致麵團膨脹。新鮮和乾燥的酵母都可使用，我們一般使用乾燥酵母，是因為可以保存較久，且方便在超市購得。

enoki mushrooms 金針菇
這種細長、帶有小傘帽的菇類，通常添加在亞洲濃湯、沙拉和快炒裡。雖然新鮮和罐頭的種類都可使用，最好選擇新鮮的，可以在冰箱保存一週之久。

eschalots 長型紅蔥 (Franch shallots)
這種小型洋蔥帶有比一般洋蔥更濃郁的甜味，整顆醃漬、慢燉或爐烤都很美味。也可切碎加入醬汁和莎莎醬中，在大多數的超市都可買到。

* 蔥屬植物，在英國常被稱為 echalion shallot。

garlic chives 韭菜
它帶有一絲大蒜和細香蔥的風味，常用在亞洲料理中，如濃湯、水餃和快炒。某些超市和亞洲超市有售。

hoisin 海鮮醬
這種中式醬料傳統上是以甘薯做成，但現在的主原料通常是發酵的黃豆、大蒜和辣椒。帶有濃重的甜味，適合做成醃料或當作蘸醬。超市的亞洲區有售。

horseradish 辣根
(grated and cream 磨碎和泥)

磨碎的辣根或辣根醬都可在超市的調味品區找到。搭配炙烤肉類十分美味，也可為菜餚增添一絲刺激感。辣根醬的口味較為溫和，磨碎的辣根帶有刺鼻的胡椒味，可增添多一點的濃郁辣度。

kaffir lime leaves 泰國檸檬葉
深綠色有光澤的新鮮泰國檸檬葉，是東亞料理不可缺少的材料。撕碎加入菜餚中，可增添一股奔放的柑橘味。在超市的新鮮蔬菜區可買到。

lemongrass 香茅
它是泰式料理、越南料理和其他亞洲菜餚中不可或缺的材料，帶有迷人的柑橘香味，可在多數的超市和亞洲超市找到。使用前記得先去除外層粗硬的部分。

Marsala 馬莎拉酒
原產於義大利西西里島，是一種酒精濃度高（fortified）的葡萄酒。其香甜風味適合搭配甜點，如提拉米蘇。大多數的酒商都可找到。

mascarpone 馬斯卡邦起司
這種義大利新鮮奶油起司（cream cheese），可廣泛用在甜鹹料理中。附近的超市和義大利食品專賣店都可買到。

miso paste 味噌
由發酵的黃豆製成，用在許多日本料理中，如濃湯，也常用來當作醃料。有紅、黃、白等多種味噌可選擇，紅味噌的口味較重，也較鹹，而白味噌較為溫和。可做成傳統的味噌湯，也可用來醃魚，如鮭魚。

00 flour 極細麵粉
這是一種特別細的麵粉，用來製作布里歐許麵包(brioche)、披薩和某些糕點。因為它的蛋白質含量高，筋度強(stronger)，因此能夠用勾狀麵團攪拌棒來處理(使布里歐許麵包的質地細緻)。在超市和食品店都可買到。

pancetta 義式培根
(flat and rolled 片和捲)
產自義大利，用鹽醃製的豬五花肉(pork belly)，可以買到長條切片(flat)和捲成圓筒狀再切片(rolled)兩種，口味有溫和與辣的選擇。和生火腿 prosciutto 的用法相同，可在義大利食品專賣店和特產店買到。

pickled ginger 醃薑
由切成薄片的生薑，以糖和米酒醋醃製而成。口味香甜清新，帶有薑味，可為食物增添一股清爽的刺激味，或是在品嚐下一道菜前吃，用來清爽味蕾。常用來搭配日本料理，如生魚片。超市的亞洲區或亞洲商店有售。

quince paste 榲桲醬
常用來搭配起司，但也可作為表層亮光(glaze)或醬汁使用。榲桲醬由榲桲製成，帶有果香和細粒狀的質地，很適合搭配口味厚重的肉類，以及味道強烈或口感厚重的起司。榲桲醬可在超市的冷藏區或一般雜貨商店買到。

rice flour 米粉
將米粒研磨成粉製成，用來製成米線(vermicelli noodles)。當做烘焙材料時，比一般的麵粉更能增添酥脆口感，如奶油酥餅(shortbread)。可在超市的烘焙區找到。

rice paper rounds 越南春捲皮
這種透明的的圓型餅皮，是由米粉製成的，用來製作亞洲料理的春捲、越南春捲和雲吞(餛飩)。要先在水裡浸泡一下，使它變軟能夠摺疊。可在亞洲商店及多數的超市購得。

rice wine vinegar 米酒醋
米酒醋就是米酒經過較長時間的發酵而成，帶有明顯刺激的酸味。不過和西方的醋比起來，口味仍然偏甜、較為溫和。

rosewater 玫瑰水
玫瑰水帶有獨特的花香，是中東地區甜食傳統的調味料，如：土耳其軟糖(Turkish delight)。它是將玫瑰花瓣蒸餾後所得的產品，也用來添加在保養品中。玫瑰水可在特產食品商店，以及希臘或阿拉伯商店購得。

shrimp paste 蝦醬
亞洲料理的必備材料。如其名所示，蝦醬是由經過發酵、研磨、日曬的蝦米製成。可為菜餚增添口味上的深度和香氣。在亞洲商店可買到塊狀或罐裝的蝦醬。

smoked paprika 煙燻紅椒粉
匈牙利紅椒粉(paprika)是一種廣泛使用的辛香料，它是將紅椒磨碎後，加入幾種其他的調味料製成。煙燻的版本也稱為西班牙紅椒粉(Pimentón)，有三種口味：甜(dulce)、溫和(moderate)(或酸甜 agridulce)和辣(picante)。它可為食物增添迷人的煙燻味，也很適合抹在烤肉上。

Thai basil 九層塔
比一般的羅勒(basil)味道強烈，更為辛辣，帶一點紫紅色，葉片較長，是其外表獨特之處。它是泰式料理不可或缺的要角，可在亞洲商店或某些超市買到。

turmeric 薑黃
有新鮮和粉狀的選擇，它和生薑有親屬關係，用法也類似。可為菜餚增添顏色和風味(你的手指和工作檯也避免不了被染色)。帶有溫暖的辛香味和一絲苦味。可在超市的新鮮食品區或香料區找到。

vermicelli noodles 米線
這種細長的麵條是用米製成，要先用水浸泡，再加入沙拉、快炒和其他菜餚中。一般的超市都可買到。

Vietnamese mint 越南薄荷
它的葉片細長，帶有辛辣的薄荷味，常加在亞洲料理的湯和快炒中。可在亞洲商店和某些超市買到。

global measures
全球度量

歐洲和美國的度量制度不同，
連澳洲和紐西蘭之間也有差異。

liquids & solids
液體和固體

量杯、量匙和各式測量工具，
是廚房裡極佳的資產。

made to measure
測量轉換

公制和英制之間的轉換，
以及材料名稱的不同說法。

metric & imperial
公制 & 英制

量杯和量匙也許會依國家不同，而有些微差異，但通常不致影響成果。所有的度量皆以材料均勻裝滿到邊緣/刮平表面為準。澳洲量杯容量為250ml(8 fl oz)。

澳洲公制的1小匙為5ml，1大匙為20ml(4小匙)，但在北美、紐西蘭和英國，1大匙為15ml(3小匙)。

在測量液體時，請記得美國的1 pint(品脫)為500ml(16 fl oz)，但英制的1 pint為600ml(20 fl oz)。

在測量乾燥材料時，將材料直接加入杯子裡，用刀子與杯緣對齊刮平，不要輕敲或搖晃來加以擠壓，除非食譜有註明需要擠壓 firmly packed 的動作。

liquids
液體

cup 杯	metric公制	imperial 英制
⅛ cup	30ml	1 fl oz
¼ cup	60ml	2 fl oz
⅓ cup	80ml	2½ fl oz
½ cup	125ml	4 fl oz
⅔ cup	160ml	5 fl oz
¾ cup	180ml	6 fl oz
1 cup	250ml	8 fl oz
2 cups	500ml	16 fl oz
2¼ cups	560ml	20 fl oz
4 cups	1 litre	32 fl oz

solids
固體

metric 公制	imperial 英制
20g	½ oz
60g	2 oz
125g	4 oz
180g	6 oz
250g	8 oz
500g	16 oz (1lb)
1kg	32 oz (2lb)

millimetres to inches
公分換算英吋

metric 公制	imperial 英制
3mm	⅛ inch
6mm	¼ inch
1cm	½ inch
2.5cm	1 inch
5cm	2 inches
18cm	7 inches
20cm	8 inches
23cm	9 inches
25cm	10 inches
30cm	12 inches

ingredient equivalents
材料名稱

泡打粉 bicarbonate soda	baking soda
甜椒 capsicum	bell pepper
細砂糖 caster sugar	superfine sugar
芹菜根 celeriac	celery root
鷹嘴豆 chickpeas	garbanzos
香菜 coriander	cilantro
羅蔓生菜 cos lettuce	romaine lettuce
玉米粉 cornflour	cornstarch
茄子 eggplant	aubergine
青蔥 green onion	scallion
中筋麵粉 plain flour	all-purpose flour
芝麻葉 rocket	arugula
自發麵粉 self-raising flour	self-rising flour
荷蘭豆 snow pea	mange tout
櫛瓜 zucchini	courgette

oven temperature
烤箱溫度

烘烤時，將烤箱設定到正確的溫度，是關鍵的一步。

butter & eggs
奶油和雞蛋

新鮮是最好的，根據這個原則來挑選乳製品。

the basics
基本材料

一些常見材料的容積，和重量間的換算。

celsius to fahrenheit
攝氏轉換華氏

celsius 攝氏	fahrenheit 華氏
100°C	210°F
120°C	250°F
140°C	275°F
150°C	300°F
160°C	325°F
180°C	350°F
190°C	375°F
200°C	400°F
210°C	410°F
220°C	425°F

electric to gas
電烤箱對照瓦斯刻度

celsius 電烤箱溫度	gas 瓦斯刻度
110°C	¼
130°C	½
140°C	1
150°C	2
170°C	3
180°C	4
190°C	5
200°C	6
220°C	7
230°C	8
240°C	9
250°C	10

butter
奶油

烘焙時通常使用無鹽奶油，使味道更香甜。不過，影響不大。美國的一條奶油是125g（4oz）。

eggs
雞蛋

除非另外註明，我們使用大型雞蛋（60g）。為了維持新鮮，應將雞蛋連同包裝紙盒放入冰箱冷藏保存。製作美乃滋，還有以生蛋或半熟蛋做成的調味醬汁時，一定要使用最新鮮的雞蛋。若當地有沙門氏桿菌（salmonella）感染消息，要特別小心，尤其是為小孩、年長者和孕婦準備食物時。

common ingredients
常見材料

almond meal (ground almonds)杏仁粉
1 cup ⁝ 120g

brown sugar 紅糖
1 cup ⁝ 175g

white sugar 白糖
1 cup ⁝ 220g

caster (superfine) sugar 細砂糖
1 cup ⁝ 220g

icing (confectioner' s) sugar 糖粉
1 cup ⁝ 160g

plain (all-purpose) 中筋麵粉
or self-raising
(self-rising) flour 自發麵粉
1 cup ⁝ 150g

fresh breadcrumbs 新鮮麵包粉
1 cup ⁝ 70g

finely grated parmesan cheese
磨細的帕馬善起司
1 cup ⁝ 80g

uncooked rice 生米
1 cup ⁝ 200g

cooked rice 熟飯
1 cup ⁝ 165g

uncooked couscous 生的北非小麥
1 cup ⁝ 200g

cooked, shredded chicken, pork or beef 煮熟撕成條的雞肉、豬肉或牛肉
1 cup ⁝ 160g

olives 橄欖
1 cup ⁝ 150g

EDGE
ELIZABE
ERSKIN
EXPR
FLOWER AND ST
FOVEAUX ST
RANKLIN ST

bio 作者簡歷

八歲時，唐娜海 Donna Hay 跳進廚房，拿起了攪拌盆，便一無反顧。
之後她進入了銷售全球的廚房實作雜誌和出版業，
在那她建立了獨特的風格：簡單、聰明快速，以當季的美味食譜，
搭配上漂亮的編排與精美的攝影圖片。

這是為每個下廚者、熱愛食物的人所設計，每天、每個季節都能使用的食譜。
她獨樹一幟的風格，使她成為國際知名的暢銷作家，出版了 19 本食譜書、
發行雙月刊唐娜海 donna hay 雜誌、兼任週刊專欄作家、
並創立一整套的餐飲用品與食品品牌，
更開設位於澳洲雪梨的唐娜海 donna hay 專賣店。

唐娜海 Donna Hay 的著作：fast, fresh, simple.,
Seasons, no time to cook, off the shelf,
modern classics,
the instant cook, instant entertaining,
the simple essentials collection
以及 marie claire 食譜書系列。

www.donnahay.com

thank you 致謝

本書在短時間內，由辛勤工作的團隊聯合完成，我無法道盡對他們的感激之情。

感謝設計師 Genevieve, Hayley and Zoë，設計出俐落的編排版面。

感謝 Mel 和 Lara 順稿。感謝 Stevie, Kirsten,

Peta 和 Siobhan 再一次試做某些經典食譜。

感謝 William 一氣呵成的嶄新攝影作品。

當然，若不是過去 10 年來，有一群才華洋溢的廚師、造型師、食譜作家和攝影師，

為我的雜誌和 How to cook 專欄不斷做出貢獻，本書也不會誕生。

你可以在本書看到，他們想介紹出基本廚房技巧和實用食譜的專業熱情。

大夥兒，幹得好！